陕西理工大学教材建设项目：中华优秀传统文化融入实验类课程教材的实践研究
（项目编号：24xjc05）
陕西理工大学第三批"课程思政"示范课38——"微生物学"

微生物实验技术基础教程

主编　王梦姣

西安交通大学出版社
XI'AN JIAOTONG UNIVERSITY PRESS

图书在版编目(CIP)数据

微生物实验技术基础教程／王梦姣主编. -- 西安：
西安交通大学出版社,2024.11 -- ISBN 978-7-5693
-3870-6

Ⅰ.Q93-33

中国国家版本馆 CIP 数据核字第 2024F5U833 号

WEISHENGWU SHIYAN JISHU JICHU JIAOCHENG

书　　名	微生物实验技术基础教程
主　　编	王梦姣
责任编辑	秦金霞
责任校对	李　晶

出版发行　西安交通大学出版社
　　　　　（西安市兴庆南路 1 号　邮政编码 710048）
网　　址　http://www.xjtupress.com
电　　话　(029)82668357　82667874(市场营销中心)
　　　　　(029)82668315(总编办)
传　　真　(029)82668280
印　　刷　西安五星印刷有限公司

开　　本　787mm×1092mm　1/16　　印张　8.75　　字数　166 千字
版次印次　2024 年 11 月第 1 版　2024 年 11 月第 1 次印刷
书　　号　ISBN 978-7-5693-3870-6
定　　价　39.00 元

前　言

　　微生物实验技术是微生物学科的重要组成部分,是进行微生物学教学、研究和应用的基础技术。在微生物实验技术的帮助下,我们能够更好地观察、了解、掌握、学习和应用微生物学,为我们的生产、生活提供帮助。近年来,高校教育的方针政策要求以学生为主体,以教师为主导,充分发挥学生的主动性,把促进学生健康成长作为学校一切工作的出发点和落脚点。因此,在本书的编撰过程中,充分考虑到要在具体实验过程中,调动学生的积极性和主动性,引导学生利用现有的实验条件、实验方案明确和掌握微生物的基本知识与实验操作方法,让学生在实验操作过程中,提出问题,解决问题,开发思维,创新实践。

　　《微生物实验技术基础教程》是根据当前微生物学的发展趋势,以帮助学生更好地掌握微生物学理论知识为指导思想和基本要求编写的。本书分为微生物实验技术、常用培养基配方和常用染色剂、封片剂的配制三部分。第一部分微生物实验技术,分别从环境中微生物的检测、无菌操作、显微镜的使用等微生物实验操作的基本环节出发,涵盖了细菌、放线菌、酵母菌和霉菌的形态学观察、染色方法、分离与纯化技术及环境因子对微生物生理生化作用的影响等相关内容。在此基础上,本部分还设计了微生物的糖发酵、乳酸发酵实验等,使学生在认识微生物的基础上,从宏观角度掌握微生物的新陈代谢过程;另外还从微观角度设计了细菌质粒 DNA 的提取、细菌基因组 DNA 的提取、细菌 16S rDNA 的扩增等内容,以使学生掌握关于微生物基因组的相关实验操作。本部分还设计了微生物的检验、酸奶的制备、酱油的酿制、果酒的酿制等内容,为学生提供在实际生产生活过程中利用微生物的实验环节,使学生学以致用,能够理解并掌握实际生产过程中微生物利用的技术原理。第二部分和第三部分涉及了当前本科阶段微生物学相关实验内容中的培养基配方及常用染色剂、封片剂的配制方法,不仅能够帮助学生提高实验完成度,而且可以使本书作为工具书使用。

　　本书的编写过程体现和突出了以学生为本的基本思想,每一个实验都包括了实验目的、实验原理、实验材料及仪器设备、实验步骤、实验报告和思考题,这些内容有助于学生从要做什么、怎么做、为什么等方面对实验过程有了更深刻的了解和掌握。

本书适合理、工、农、林、医等高等综合院校和师范院校生物学方向本科生、专科生及其他对微生物学相关知识有所涉猎的专业人士学习使用,也可提供其他生物方面科技人员查阅参考。

在本书成书之际,谨向关心、帮助我们的老师,对多年来一直信任和支持我们的同行、广大师生致以衷心的感谢!

由于编者水平和能力有限,本书难免有不当或错漏之处,敬请广大师生、同行和读者批评指正!

王梦姣

2024 年 6 月

微生物学实验规则与安全

　　微生物学实验课开设的目的是训练学生掌握微生物学基本的实验操作技能，了解微生物学的基本知识，加深理解微生物学课堂学习的理论知识；并在这个过程中，培养学生通过观察、实际操作、思考、讨论及实验报告的撰写，养成科学严谨的学习态度、勇于创新的开拓精神、脚踏实地的优良学风。

　　微生物学实验室是一个严肃的实验场所。本书实验过程中使用的所有微生物材料均为非致病菌或条件致病菌，在正常的实验操作过程中，不会对实验操作人员及实验操作场所造成污染。但是，这种非致病性不是绝对的，与微生物的数量、存在环境、感染途径、被感染人员的身体素质等息息相关。所以，在实验操作过程中，必须将所有的微生物培养和操作过程都看作是具备潜在致病性的。

　　为保证安全，上好微生物学实验课，充分理解和掌握微生物学的理论知识，特制订如下规则和安全措施。

　　(1)每次微生物学实验课前，必须对实验内容进行充分预习，了解实验目的、原理和步骤，以及在实验过程中需要注意的问题，做到心中有数、思路清晰。

　　(2)在整个实验操作过程中必须穿着长袖实验服、长裤(全覆盖腿部)，脚穿覆盖脚面且有一定厚度的鞋；其中，实验服袖口要用松紧带扎紧或扣子扣好。留长发者要将长发束起挽成团扎在脑后。

　　(3)实验台上只能放置实验指导书籍、实验记录本和记号笔(或记录笔)，不准堆放任何其他个人物品，更不能携带食物或饮品。

　　(4)实验时应小心仔细，全部操作应严格按照操作规程进行，严禁用嘴吸取菌液或试剂。实验过程应全程保持安静，认真及时做好实验记录，对课上不能得到实验结果需要连续观察的实验，要详细记录每次观察的现象和结果，以便分析。针对需要进行培养的材料，应标明组别、日期、人员姓名、实验材料名称等相关信息，并保存至指导教师指定地点进行培养。

　　(5)实验过程中，一旦出现试管或三角瓶不慎打破、皮肤有破口、试剂遗漏等任何事故,均应立刻报告实验指导教师,及时处理,切勿隐瞒。

(6)实验过程中,不要将易燃液体(如乙醇、丙酮等)接近火焰。一旦发生火灾,应先关闭火源,用湿抹布或者沙土掩盖灭火,并及时报告实验指导教师。

(7)对贵重仪器设备,如显微镜、离心机等,应小心操作,避免因操作不当导致设备损坏。使用仪器前要进行预约登记,使用结束后要进行使用登记。

(8)实验结束后,应彻底打扫实验室,并用3%煤酚皂溶液或50g/L苯酚溶液擦拭菌液污染台。将用过的器皿、物品等放回原处。检查实验材料(包括菌种、物品等),任何实验过程中使用的菌种或物品严禁带出实验室。桌面、地面、抽屉内均应收拾整洁,坐凳放回原处,方可离开。

(9)针对每一次实验结果,都应实事求是地填写实验报告,并对实验结果进行分析和总结,及时上交实验指导教师批阅。

(10)实验结束,离开实验室时应洗手,关闭门窗、火源、电源、水源。

目录 CONTENTS

第一部分

微生物实验技术

本部分从环境微生物的检测入手,分别介绍了无菌操作技术、显微镜的使用、细菌的形态学观察、放线菌和真菌的形态学观察等微生物实验技术的基本内容,探讨了环境因素对微生物生长的影响,以及微生物遗传学的相关内容。该部分内容能够满足不同生物学专业微生物实验的基本操作。

实验一　环境中微生物的检测

实验目的

(1)了解环境中微生物的存在,初步建立微生物实验操作人员必须具备的"无菌"概念。

(2)认识微生物细胞的群体结构——菌落,并对其形态特征进行观察。

实验原理

微生物个体微小,结构简单,种类繁多且无处不在,肉眼不可见,必须借助显微镜才能观察到。用固体平板培养基进行检测,可以看到微生物细胞群体(菌落)。不同微生物形成的菌落形态不同,微生物菌落形态是进行微生物鉴定的凭据之一。一般情况下,可以从固体平板培养基上菌落的形状、大小、颜色、光泽、隆起度、透明度、表面粗糙或光滑、边缘是否整齐等特征对菌落进行观察。

实验材料及仪器设备

1. 实验材料
牛肉膏蛋白胨固体平板培养基。

2. 仪器设备及其他物品
培养箱、酒精灯、标记笔、接种环等。

▼ 实验步骤

1. 编号

分别在牛肉膏蛋白胨固体平板培养基培养皿底边缘注明分组、操作处理号[分别标记(1)(2)(3)(4)(5)(6)]，另取一牛肉膏蛋白胨固体平板培养基，在培养皿底边缘标注"CK"字样，不打开皿盖，作为对照处理(图1-1)。

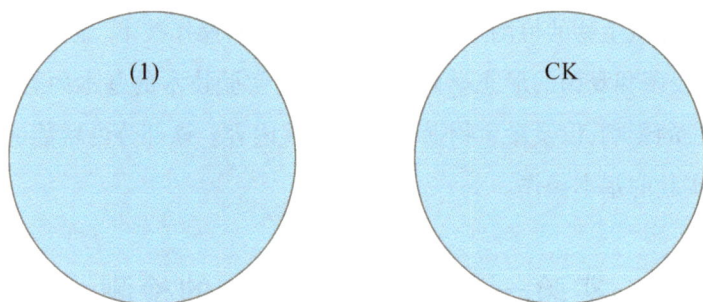

图1-1　培养皿标记方法

2. 处理操作

打开皿盖，按下列方法进行操作。

(1)在实验台面上，将牛肉膏蛋白胨固体平板培养基在空气中暴露10min后盖上皿盖。

(2)在已提前进行消毒灭菌的超净工作台中，将牛肉膏蛋白胨固体平板培养基在空气中暴露10min盖上皿盖。

(3)在酒精灯旁，半开皿盖，用手指在牛肉膏蛋白胨固体平板培养基表面轻压3~5点，盖上皿盖。

(4)用肥皂洗净双手，在酒精灯旁，半开皿盖，用手指在牛肉膏蛋白胨固体平板培养基表面轻压3~5点，盖上皿盖。

(5)在酒精灯旁，半开皿盖，将1或2根头发轻放在牛肉膏蛋白胨固体平板培养皿表面，盖上皿盖。

(6)在酒精灯旁，半开皿盖，口对着牛肉膏蛋白胨固体平板培养基咳嗽几下，盖上皿盖。

3. 培养

将所有固体平板培养皿倒置于28℃培养箱培养2~3天，或倒置于37℃培养箱培养1~2天。

4. 检查

取出培养皿，仔细观察各培养皿中的菌落形态，并统计出每皿的菌落数。

实验报告

将实验结果填入表 1－1 中。

表 1－1　环境中微生物的检测结果

观察内容	(1)	(2)	(3)	(4)	(5)	(6)	CK
菌落总数							
菌落类型(形状、大小、透明度、颜色、边缘状况、表面状况等)*							
简要说明							

注:＊为菌落特征的描述。

(1)形状:圆状、丝状、不规则状、假根状等。

(2)大小:以直径(mm)表示。

(3)光泽:玻璃状、蜡质状、油脂状等。

(4)高度:扁平、隆起、凸型、凹型等。

(5)透明度:透明、半透明、不透明。

(6)边缘状况:整齐、波纹状、锯齿状、卷曲状等。

(7)表面状况:光滑、湿润、干燥、皱褶。

思考题

(1)比较来源不同的样品,哪一种处理菌落数最多、菌落类型最多? 并将结果进行对比。

(2)环境中微生物的检测结果说明什么问题? 你有什么体会?

实验二　无菌操作技术

实验目的

(1)熟练掌握从固体培养基和液体培养基中转接微生物的无菌操作技术。

(2)了解和体会无菌操作的重要性。

实验原理

从固体培养基上转接微生物的过程,是利用高温对微生物具有致死效应的原理,通过灼烧接种环或接种针进行灭菌。从液体培养基转接微生物的过程,是利用预先灭菌的玻璃吸管或移液器枪头,吸取液体培养的微生物,将其转移至新的培养基中。全部操作过程要在酒精灯旁进行。

实验材料及仪器设备

1. 实验材料

大肠杆菌菌种、牛肉膏蛋白胨固体平板培养基、牛肉膏蛋白胨液体培养基。

2. 仪器设备和其他用品

培养箱、移液器、酒精灯、试管架、接种环、枪头、试管等。

实验步骤

1. 用接种环转接微生物菌种

(1)标记:在一牛肉膏蛋白胨固体平板培养基试管侧壁注明分组、操作处理号[标记(1)],另取一牛肉膏蛋白胨固体平板培养基试管,在侧壁标注"CK1"字样。

(2)处理操作:按下列方法进行操作。①在实验台面上,将接种环在酒精灯外焰中灼烧(灼烧至发红)灭菌,在酒精灯旁晾凉。②在火焰旁打开斜面培养物的试管帽(注意:试管帽不能放在桌上),将试管口在酒精灯外焰中灼烧一下。③在火焰旁,将接种环轻轻插入斜面培养物试管的上半部,挑起少许培养物后,将接种环移出试管,将试管口在酒精灯外焰灼烧一下,盖上管帽后将其放回试管架。④用左手从试管架上取出(1)试管,在火焰附近取下试管帽,将挑有培养物的接种环迅速放进(1)试管斜面的底部,并从下往上划线接种。接种后,将接种环移出试管,把(1)试管口在酒精灯外焰灼烧一下,盖上试管帽后将其放回试管架。⑤接种后,要将接种环在酒精灯外焰中灼烧,晾凉后再放回桌面。⑥按上述方法在未接种的斜面培养物的试管中挑起少许培养物,后将其进行划线接种于标号为 CK1 的试管中(图1-2)。

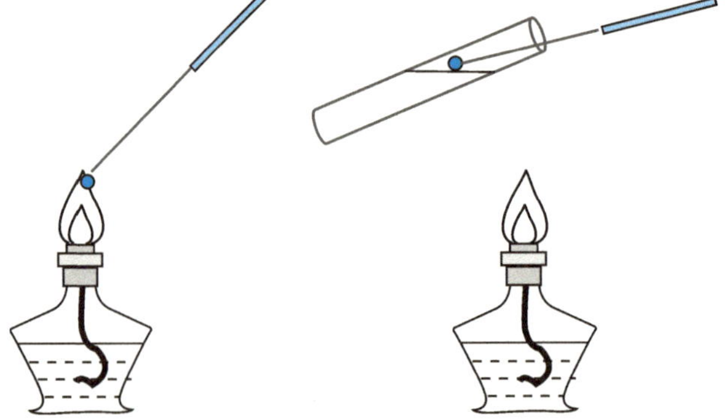

接种环在酒精灯外焰灼烧　　　　在酒精灯上方用接种环接种

图1-2　无菌操作规范

2. 用移液器转接菌液

(1)标记:在一牛肉膏蛋白胨液体培养基试管侧壁注明分组及操作处理号[标记(2)],另取一牛肉膏蛋白胨液体培养基试管,在侧壁标注"CK2"字样。

(2)处理操作:按下列方法进行操作。①在实验台面上,轻轻摇动盛有菌液的试管(注意不要溅到试管口或试管帽上),拿出移液器,插上已灭菌的枪头,吸取一定量菌液并迅速转移至标记(2)的试管中。②打掉移液器枪头,重新插入新的移液器枪头,按上述同样方法吸取等量无菌水转移至 CK2 的试管中。③培养,将标记(1)的试管、CK1 试管平放至 28℃ 培养箱培养 2～3 天,或倒置于 37℃ 培养箱培养 1～2 天;将标记(2)的试管、CK2 试管置于摇床震荡培养,在 28℃、180 转/分转速下培养 2～3 天,或置于 37℃、180 转/分转速下培养 1～2 天。

◤ 实验报告

将实验结果填入表 1－2 中。

表 1－2　结果记录表

项目	(1)	CK1	(2)	CK2
生长状况				
简要说明				

◤ 思考题

(1)为什么采用大肠杆菌菌种进行实验?

(2)为什么每次接种后,接种环要经过灼烧后再放回桌面?

实验三　普通光学显微镜的构造及使用

◤ 实验目的

(1)了解普通光学显微镜的构造和原理。

(2)掌握普通光学显微镜的使用。

◤ 实验原理

普通光学显微镜由目镜、物镜、粗准焦螺旋、细准焦螺旋、压片夹、通光孔、遮光器、转换器、反光镜、载物台、镜臂、镜筒、镜座、聚光器、光阑等组成(图1-3)。

1.显微镜的机械部分

(1)镜座:显微镜的底座,用以支持整个镜体。

(2)镜柱:镜座上面直立的部分,用以连接镜座和镜臂。

(3)镜臂:一端连于镜柱,一端连于镜筒,是取、放显微镜时手握部位。

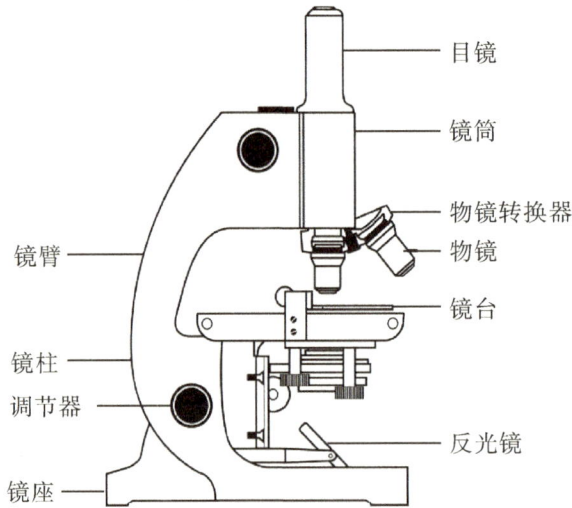

图1-3 显微镜构造示意图

(4)镜筒:连在镜臂的前上方,镜筒上端装有目镜,下端装有物镜转换器。

(5)物镜转换器(简称旋转器):接于棱镜壳的下方,可自由转动,上有3或4个圆孔,是安装物镜的部位。转动物镜转换器,可以调换不同倍数的物镜,当物镜转换位置,物镜光轴恰好对准通光孔中心时,光路接通。转换物镜后,不允许使用粗调节器,只能用细调节器,使物像清晰。

(6)镜台(载物台):在镜筒下方,其形状有方、圆两种,用以放置玻片标本,中央有一通光孔,我们通常所用的显微镜镜台上装有玻片标本推进器(推片器),推进器左侧有弹簧夹,用以夹持玻片标本,镜台下有推进器调节轮,可使玻片标本做左右、前后方向的移动。

(7)调节器:是装在镜柱上的大、小两种螺旋,调节时使镜台做上下方向的移动。①大螺旋称为粗调节器(粗准焦螺旋),移动时可使镜台做快速和较大幅度的升降,所以能迅速调节物镜和标本之间的距离,使物像呈现于视野中,通常在使用低倍镜时,先用粗调节器迅速找到物像。②小螺旋称为细调节器(细准焦螺旋),移动时可使镜台缓慢升降,多在运用高倍镜时使用,从而得到更清晰的物像,并借以观察标本的不同层次和不同深度的结构。

2.显微镜的照明部分

显微镜的照明部分装在镜台下方,包括反光镜、聚光器。

(1)反光镜:装在镜座上面,可向任意方向转动,有平、凹两面,其作用是将光源光线反射到聚光器上,再经通光孔照明标本。

(2)聚光器(集光器):位于镜台下方的集光器架上,由聚光镜和光圈组成,作用是将光线集中到所要观察的标本上。①聚光镜:由一片或数片透镜组成,起汇聚光线的作用,加强对标本的照明,并使光线射入物镜内。镜柱旁有一个调节螺旋,转动它可升降聚光器,以调节视野中光亮度的强弱。②光圈(虹彩光圈):在聚光镜下方,由十几张金属薄片组成,其外侧伸出一柄,推动它可调节其开孔的大小,以调节光量。

3.显微镜的光学部分

(1)目镜:装在镜筒的上端,通常备有 2 或 3 个,上面刻有 5 ×、10 × 或 15 × 符号以表示其放大倍数,一般装的是 10 × 的目镜。

(2)物镜:装在镜筒下端的旋转器上,一般有 3 或 4 个物镜,其中最短的刻有"10 ×"符号的为低倍镜,较长的刻有"40 ×"符号的为高倍镜,最长的刻有"100 ×"符号的为油镜,此外,在高倍镜和油镜上还常加有一圈不同颜色的线,以示区别。

显微镜的放大倍数是物镜的放大倍数与目镜的放大倍数的乘积,如物镜为 10 ×,目镜为 10 ×,其放大倍数就为 10 × 10 = 100。

显微镜目镜长度与放大倍数呈负相关,物镜长度与放大倍数呈正相关,即目镜长度越长,放大倍数越低;物镜长度越长,放大倍数越高。

4.显微镜的成像原理

光学显微镜主要由目镜、物镜、载物台和反光镜组成。目镜和物镜都是凸透镜,焦距不同。物镜的凸透镜焦距小于目镜的凸透镜的焦距。物镜相当于投影仪的镜头,物体通过物镜成倒立、放大的实像。目镜相当于普通的放大镜,该实像又通过目镜成正立、放大的虚像。经显微镜到人眼的物体都成倒立、放大的虚像。反光镜用来反射、照亮被观察的物体。反光镜一般有两个反射面:一个是平面镜,在光线较强时使用;一个是凹面镜,在光线较弱时使用,可汇聚光线(图 1 - 4)。

■ 实验材料及仪器设备

1.实验材料

细菌标本片、香柏油、二甲苯或 1 ∶ 3 的乙醇乙醚混合液。

2.仪器设备和其他用品

显微镜、擦镜纸。

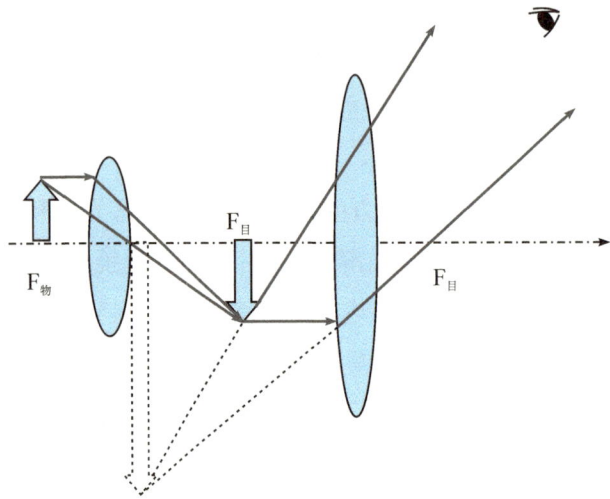

图 1-4　显微镜显像原理

实验步骤

1. 显微镜的安置

将显微镜放置于平整的实验台上,镜座距离实验台边缘约10cm。镜检时,姿势端正,手肘自然弯曲。

2. 光源的调节

将低倍物镜转至镜筒下方,转动粗调节器,使物镜前透镜镜面与载物台距离1cm左右;上升聚光镜,开大光圈,调节反光镜对准光源,从旁观察使聚光镜镜面非常明亮,再以左眼从目镜中观察,并继续调节反光镜,直至视野内得到均匀明亮的照明为止。

3. 低倍镜观察

低倍镜镜面大、视野宽,易于发现目标和确定待检位置,故任何被检标本都需先经低倍镜观察。

将标本片置于载物台上(正面朝上),被检部位用推动器移至物镜正下方。调节粗调节器下降物镜(或升高载物台)至视野内出现物像后,改用细调节器上下微调至视野出现清晰物像,并将最好部位推至视野正中央,准备换高倍镜观察。

4. 高倍镜观察

将高倍镜(40×)转至镜筒下方,操作时要从侧面注视,防止镜头与玻片相撞。调节光圈和聚光镜使光线亮度适中。观察时先用粗调节器慢慢升起镜筒(或下降载物台)至发现物像,再用细调节器调焦至物像清晰为止。仔细观察后,移动最好部位至视野中间,准备换油镜行进一步观察。

5. 油镜观察

细菌或其他标本的细胞结构都需要用油镜(90×或100×)观察。一般油镜工作距离极短(0.19mm左右),使用时要特别小心。先用粗调节器将镜筒提起(或载物台降低)1.5~2.0cm,将油镜头转至镜筒下方,在标本片的镜检部位滴上一小滴香柏油。眼睛从侧面注视,用粗调节器缓缓下降使油镜头小心地浸润在香柏油中,使物镜前段接近但未触及标本片为止。从目镜中观察,先调节光线至明亮,再缓慢升高镜筒(或降低载物台),直至视野出现模糊物像时,用细调节器调节工作距离,直至物像清晰为止。

6. 结束观察

观察结束后,升起镜筒,将载玻片取下,转动油镜头使其离开光源。先用擦镜纸擦掉镜头上的油滴,再取擦镜纸蘸取乙醇乙醚液,以直线方向擦拭镜头,再用干净的擦镜纸擦拭镜头。

将显微镜各部分还原,光源灯亮度调至最低后关闭,将最低放大倍数的物镜转至工作位置,将载物台降至最低位置。

◢ 实验报告

绘出观察到的细菌形态,并标注清楚观察物镜及放大倍数。

◢ 思考题

(1)试列表比较低倍镜、高倍镜、油镜的不同。

(2)用油镜观察时应该注意哪些问题?

实验四　暗视野、相差和荧光显微镜的构造和使用

◢ 实验目的

(1)了解暗视野、相差和荧光显微镜的构造及原理。

(2)掌握以上三种显微镜的使用方法。

◢ 实验原理

1. 暗视野显微镜

暗视野显微镜是利用丁达尔(Tyndall)效应的原理,在普通光学显微镜的结构基础上

改造而成的。暗视野聚光器使光源的中央光束被阻挡,不能由下而上地通过标本进入物镜,从而使光改变途径,倾斜地照射在观察的标本上,标本遇光发生反射或散射,散射的光线投入物镜内,因而整个视野是黑暗的(图1-5)。

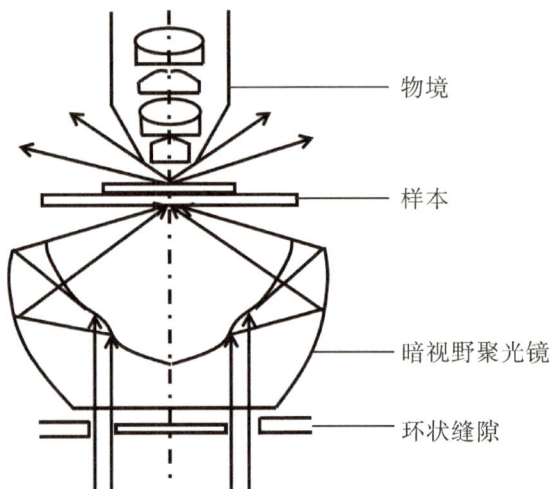

物境

样本

暗视野聚光镜

环状缝隙

图1-5 暗视野显微原理

当一束光线透过黑暗的房间,从垂直于入射光的方向可以观察到空气里出现的一条光亮的灰尘"通路",这种现象即丁达尔效应。暗视野显微镜在普通的光学显微镜上换装暗视野聚光镜后,由于该聚光器内部抛物面结构的遮挡,照射在待检物体表面的光线不能直接进入物镜和目镜,仅散射光能通过,因而视野是黑暗的。暗视野显微镜由于不能将透明光射入直接观察系统,无物体时,视野暗黑,不可能观察到任何物体;当有物体时,以物体衍射回的光与散射光等在暗黑的背景中明亮可见。在暗视野观察物体,照明光大部分被折回,由于物体(标本)所在的位置结构、厚度不同,光的散射性、折光等都有很大的变化。

2.相差显微镜

相差显微镜是利用物体不同结构成分之间的折射率和厚度的差别,把通过物体不同部分的光程差转变为振幅(光强度)的差别,经过带有环状光阑的聚光镜和带有相位片的相差物镜实现观测的显微镜(图1-6)。其主要用于观察活细胞或不染色的组织切片,有时也可用于观察缺少反差的染色样品。

将透过标本的可见光的光程差变成振幅差,从而提高了各种结构间的对比度,使各种结构变得清晰可见。光线透过标本后发生折射,偏离了原来的光路,同时被延迟了$\frac{1}{4}\lambda$(波长),如果再增加或减少$\frac{1}{4}\lambda$,则光程差变为$\frac{1}{2}\lambda$,两束光合轴后干涉加强,振幅增大或减小,提高反差。在构造上,相差显微镜有不同于普通光学显微镜的特殊之处。

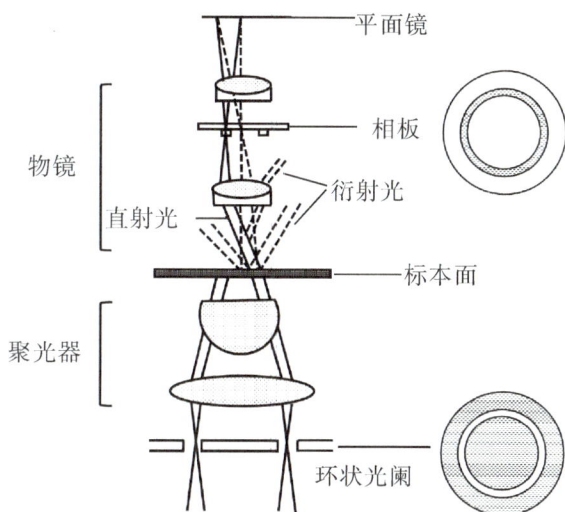

图 1 - 6　相差显微镜显微原理

(1)环形光阑:位于光源与聚光器之间,作用是使透过聚光器的光线形成空心光锥,聚焦到标本上。

(2)相板:在物镜中加了涂有氟化镁的相板,可将直射光或衍射光的相位推迟 $\frac{1}{4}\lambda$。

①A + 相板:将直射光推迟 $\frac{1}{4}\lambda$,两组光波合轴后光波相加,振幅加大,标本结构比周围介质更加明亮,形成亮反差(或称负反差)。②B + 相板:将衍射光推迟 $\frac{1}{4}\lambda$,两组光线合轴后光波相减,振幅变小,形成暗反差(或称正反差),结构比周围介质更加暗。③合轴调节望远镜:用于调节环状光阑的像,使其与相板共轭面完全吻合。

3.荧光显微镜

荧光显微镜的工作原理见图 1 - 7。

(1)光源:多采用 200W 的超高压汞灯作为光源,它是用石英玻璃制作的,中间呈球形,内充一定数量的汞。工作时,由两个电极间放电引起汞蒸发,球内气压迅速升高,当汞完全蒸发时,可达 50 ~ 70 个标准大气压力,这一过程一般需 5 ~ 15min。超高压汞灯的发光是电极间放电使汞分子不断解离和还原过程中发射光量子的结果。它发射很强的紫外光和蓝紫光,足以激发各类荧光物质,因此,为荧光显微镜普遍采用。

(2)滤色系统:是荧光显微镜的重要部位,由激发滤板和压制滤板组成。滤板型号,各厂家名称常不统一。滤板一般都以基本色调命名,前面字母代表色调,后面字母代表玻璃,数字代表型号特点。

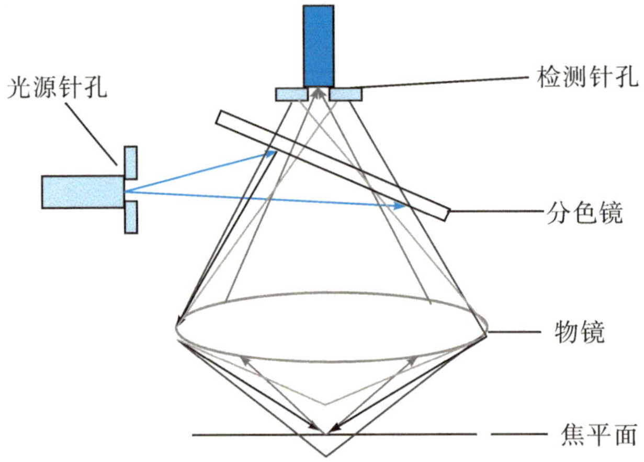

图 1 - 7　荧光显微镜工作原理

（3）激发滤板：根据光源和荧光色素的特点，可选用以下 3 种激发滤板提供一定波长范围的激发光。①紫外光激发滤板：此滤板可使 400nm 以下的紫外光透过，阻挡 400nm 以上的可见光通过。②紫外蓝光激发滤板：可使 300～450nm 的光通过。③紫蓝光激发滤板：可使 350～490nm 的光通过。

激发滤板分薄、厚两种，一般暗视野选用薄滤板，亮视野可选用厚一些的滤板。基本要求是以获得最明亮的荧光和最好的背景为准。

（4）压制滤板：作用是完全阻挡激发光通过，提供相应波长范围的荧光。与激发滤板相对应，常用以下 3 种压制滤板。①紫外光压制滤板：可通过可见光阻挡紫外光通过。②紫蓝光压制滤板：能通过 510nm 以上波长的光（绿到红）。③紫外紫光压制滤板：能通过 460nm 以上波长的光（蓝到红）。

（5）反光镜：反光层一般是镀铝的，因为铝对紫外光和可见光的蓝紫区吸收少，反射达 90% 以上，而银的反射只有 70%；一般使用平面反光镜。

（6）聚光器：专为荧光显微镜设计制作的聚光器是用石英玻璃或其他透紫外光的玻璃制成，通常分为明视野聚光器和暗视野聚光器两种。此外还有相差荧光聚光器。①明视野聚光器：在一般荧光显微镜上多用明视野聚光器。它具有聚光力强、使用方便的特点，特别适用于低、中倍放大的标本观察。②暗视野聚光器：在荧光显微镜中的应用日益广泛。因为激发光不直接进入物镜，因而除散射光外，激发光也不进入目镜，可以使用薄的激发滤板增强激发光的强度，压制滤板也可以很薄，因紫外光激发时，可用无色滤板（不透过紫外光）而仍然产生黑暗的背景，从而增强了荧光图像的亮度和反衬度，提高了图像的质量，观察舒适，可能发现亮视野难以分辨的细微荧光颗粒。③相差荧光聚光器：相差聚光器与相差物镜配合使用，可同时进行相差和荧光联合观察，既能看到荧光图像，又能看到相差图像,有助于荧光的准确定位。一般荧光观察很少需要这种聚光器。

(7)物镜:各种物镜均可应用,但最好用消色差的物镜,因其自体荧光极微弱且透光性能(波长范围)适合于荧光。由于图像在显微镜视野中的荧光亮度与物镜镜口率的平方成正比,而与其放大倍数成反比,所以为了提高荧光图像的亮度,应使用镜口率大的物镜。尤其在高倍放大时,其影响非常明显。因此对荧光不够强的标本,应使用镜口率大的物镜,配合以尽可能低的目镜(4×,5×,6.3×等)。

(8)目镜:在荧光显微镜中多使用低倍目镜,如5×和6.3×。过去多用单筒目镜,因为其亮度比双筒目镜高一倍以上,但研究型荧光显微镜多用双筒目镜,因其观察较方便。

(9)落射光装置:新型落射光装置的原理如下。从光源来的光射到干涉分光滤镜后,波长短的部分(紫外光和紫蓝光)由于滤镜上镀膜的性质而被反射,当滤镜对向光源呈45°倾斜时,则垂直射向物镜,经物镜射向标本,使标本受到激发,这时物镜直接起聚光器的作用。同时,波长较长的部分(绿、黄、红等)对滤镜是可透的,因此,不向物镜方向反射,滤镜起了激发滤板的作用。由于标本的荧光处在可见光长波区,可透过滤镜而到达目镜观察,因此荧光图像的亮度随着放大倍数增大而提高,在高放大时比透射光源强。它除具有透射式光源的功能外,更适用于不透明及半透明标本,如厚片、滤膜、菌落、组织培养标本等的直接观察。研制的新型荧光显微镜多采用落射光装置,故称之为落射荧光显微镜。

实验材料及仪器设备

1. 实验材料

枯草芽孢杆菌、啤酒酵母菌种。

2. 仪器设备和其他用品

暗视野聚光器、显微镜灯、接种环、酒精灯、相差显微镜等。

实验步骤

1. 暗视野显微镜操作

(1)将暗视野聚光器装在显微镜的聚光器支架上。

(2)选用强光源,但又要防止直射光线进入物镜,所以一般用显微镜灯照明。

(3)在聚光器和标本片之间加一滴香柏油,使照明光线不能于聚光镜上进行全反射,达不到被检物体,而得不到暗视野照明。

(4)升降集光器,将集光镜的焦点对准被检物体,即以圆锥光束的顶点照射被检物。如果聚光能水平移动并附有中心调节装置,则应首先进行中心调节,使聚光器的光轴与显微镜的光轴严格位于一条直线上。

(5)选用与聚光器相应的物镜,调节焦距,找到所需观察的物像。

2. 相差显微镜操作

(1)将显微镜的聚光器和物镜换成相差聚光器和相差物镜,在光路上加绿色滤光片。

(2)将聚光器转盘刻度调"0",调节光源使视野亮度均匀。

(3)将被检物体置于载物台上,用低倍镜在明视野下调节亮度并聚焦样品。

(4)将聚光器转盘刻度调"10"。注意由明视野转换为环状光阑时,进光量减少,要把聚光器的光圈开足,增加视野亮度。

(5)取下目镜,换上合轴调节望远镜。左手固定望远镜外筒,边观察,右手边转动内筒,对焦使聚光器中的亮环和物镜中的暗环清晰。

(6)按上述办法对其他放大倍数的物镜和相应环状光阑进行合轴调节。

(7)取下望远镜,换回目镜,选用适当放大倍数的物镜进行观察。

3. 荧光显微镜操作

(1)打开灯源,超高压汞灯要提前预热15min才能达到最亮点。

(2)透射式荧光显微镜须在光源与暗视野聚光器之间装上所要求的激发滤片,在物镜的后面装上相应的压制滤片。落射式荧光显微镜须在光路的插槽中插入所要求的激发滤片、双色束分离器、压制滤片的插块。

(3)用低倍镜观察,根据不同型号荧光显微镜的调节装置调节光源中心,使其位于整个照明光斑的中央。

(4)放置标本片,调焦后即可观察。使用中应注意:未装滤光片时不要用眼直接观察,以免引起眼的损伤;用油镜观察标本时,必须用无荧光的特殊镜油;高压汞灯关闭后不能立即重新打开,须待汞灯完全冷却后才能再次启动,否则会不稳定,影响汞灯寿命。

(5)观察,如在荧光显微镜下用蓝紫光滤光片,观察经0.01%吖啶橙荧光染料染色的细胞,细胞核和细胞质被激发产生两种不同颜色的荧光(暗绿色和橙红色)。

◤ 实验报告

描述并图示暗视野显微镜、相差显微镜及荧光显微镜下待检菌中的形态特征。

◤ 思考题

(1)暗视野显微镜、相差显微镜、荧光显微镜各自的适用范围是什么?

(2)能否用暗视野显微镜或相差显微镜观察普通染色标本?

实验五　细菌的形态学观察

⬦ 实验目的

（1）熟练掌握细菌的简单染色技术。

（2）了解和体会细菌的大小和形态。

⬦ 实验原理

细菌个体微小，活细胞与水及玻璃的折射率相差不大，在普通光学显微镜下难以观察到，但经过染料染色后可以看清其形态、大小。

⬦ 实验材料及仪器设备

1. 实验材料

培养18～24h的大肠杆菌及枯草芽孢杆菌、无菌水、石炭酸复红染色液、草酸铵结晶紫染色液、洗涤剂。

2. 仪器设备和其他用品

酒精灯、吸水纸、载玻片、接种环等。

⬦ 实验步骤

1. 涂片

在洁净的载玻片中央滴一小滴无菌水，用无菌的接种环挑取少量的菌体与水滴混匀，并涂成薄膜。

2. 固定

手执载玻片一端，将有菌膜的一面朝上，来回通过酒精灯外焰，待菌膜固定至载玻片上后，将载玻片冷却。

3. 染色

加适量（以盖满菌膜为度）草酸铵结晶紫染色液（或石炭酸复红染色液）于菌膜部位，染色1～2min。

4. 水洗

倾去染色液，用洗瓶中的无菌水自载玻片一端缓缓流向另一端，冲去染色液，冲洗至流下的水中无染色液的颜色为止。

5. 干燥

自然干燥或用吸水纸盖在涂片部位以吸去水分(注意勿擦去菌体)。

6. 镜检

先用低倍镜找到菌体细胞,然后用高倍镜或油镜进行镜检。

7. 清理

实验完毕,将有菌的载玻片用水煮沸后加洗涤剂浸泡,用纯水清洗干净并沥干。

实验报告

绘制出观察到的细菌细胞的形态结构,并进行比较。

思考题

(1)为什么要进行加热固定,加热固定的注意事项有哪些?

(2)在进行细菌涂片时要注意哪些环节?

实验六 细菌的革兰氏染色

实验目的

(1)熟练掌握细菌的革兰氏染色技术。

(2)了解和体会不同细菌的染色结果。

实验原理

不同细菌细胞的细胞壁结构不同。革兰氏阳性细菌的细胞壁具有较厚(20～80nm)而致密的肽聚糖层,多达50层,占细胞壁成分的40%～95%,它同细胞膜的外层紧密相连。革兰氏阴性细菌的细胞壁薄(15～20nm)而结构较复杂,分外膜和肽聚糖层(2～3nm)(图1-8)。

通过结晶紫染色液初染和碘液媒染后,细胞壁内形成了不溶于水的结晶紫与碘的复合物。革兰氏阳性细菌细胞壁较厚、肽聚糖网层次较多且交联致密,故遇乙醇或丙酮脱色处理时,因失水反而使网孔缩小,再加上其不含类脂,故乙醇处理不会出现缝隙,因此能将结晶紫与碘的复合物牢牢留在壁内,使其呈紫色;而革兰氏阴性细菌因其细胞壁薄,外膜层类脂含量高,肽聚糖层薄且交联度差,在遇脱色剂后,以类脂为主的外膜迅速溶解,薄而松散的肽聚糖网不能阻挡结晶紫与碘的复合物的溶出,因此通过乙醇脱色后仍呈无色,再经沙黄等红色染料复染,可使革兰氏阴性细菌呈红色。

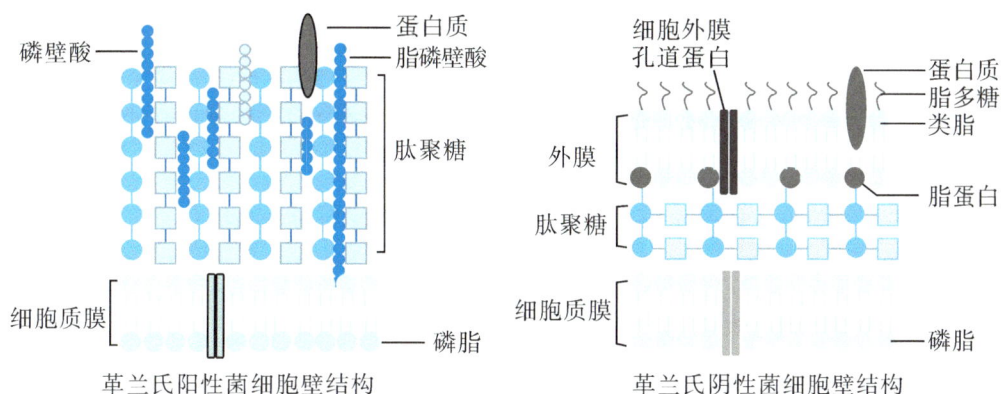

图 1-8 革兰氏阳性菌和革兰氏阴性菌细胞壁结构对比图

实验材料及仪器设备

1. 实验材料

培养 18~24h 的大肠杆菌、枯草芽孢杆菌、无菌水、鲁氏碘液、番红染色液、结晶紫染色液、95% 乙醇、洗涤剂。

2. 仪器设备和其他用品

酒精灯、试管架、吸水纸、载玻片、接种环等。

实验步骤

1. 涂片

在洁净的载玻片中央滴一小滴无菌水,用无菌的接种环挑取少量的菌体与水滴混匀,并涂成薄膜。

2. 固定

手执载玻片一端,将有菌膜的一面朝上,来回通过酒精灯外焰,待菌膜固定至载玻片上后,将载玻片冷却。

3. 初染

将结晶紫染色液滴加至菌膜表面,静置 1min。用无菌水洗至无色。

4. 媒染

先用鲁氏碘液冲去残留水迹,再加鲁氏碘液覆盖涂面染色约 1min。蒸馏水洗至无色。

5. 脱色

将载玻片上残留水迹用吸水纸吸去,加95%乙醇数滴,并轻轻摇动进行脱色,20s后水洗,吸去水分。

6. 复染

将载玻片上残留水迹用吸水纸吸去,滴加番红染色液染色1min后,蒸馏水冲洗至无色。

7. 干燥

自然干燥或用吸水纸盖在涂片部位以吸去水分(注意勿擦去菌体)。

8. 镜检

先用低倍镜找到菌体细胞,然后用高倍镜进行镜检。

9. 清理

实验完毕,将有菌的载玻片用水煮沸后加洗涤剂浸泡,用纯水清洗干净并沥干。

▼ 实验报告

绘制出观察到的细菌细胞的形态结构,并将结果进行比较后填入表1-3中。

表1-3　结果记录表

细菌	细菌形态	菌体颜色	染色结果
枯草芽孢杆菌			
大肠杆菌			

▼ 思考题

(1)革兰氏染色的注意事项有哪些?

(2)是否可以将结晶紫染色液和番红染色液的顺序颠倒? 为什么?

(3)对比革兰氏染色和细菌单染色的操作步骤,并阐述二者的不同点。

实验七　细菌的荚膜、芽孢和鞭毛染色

▼ 实验目的

(1)学习荚膜染色技术,观察细菌荚膜的形态。

(2)学习芽孢染色技术,观察芽孢的形态特征及着生位置。

（3）学习鞭毛染色技术,观察细菌鞭毛的形态。

实验原理

（1）荚膜是包围在细菌细胞外面的一层黏液性物质,其主要成分是多糖类,不易被染色,故常用衬托染色法,即将菌体和背景着色,而把不着色且透明的荚膜衬托出来。荚膜很薄,易变形,因此,制片时一般不用热固定。

（2）芽孢壁厚、透性低,着色、脱色均较困难。因此,用着色力强的染色剂在加热条件下进行染色时,染料不仅可以进入菌体,而且也可以进入芽孢,进入菌体的染料可经水洗脱色,而进入芽孢染色的染料则难以透出,若再用复染液（如沙黄水溶液）染色后,芽孢仍然保留初染剂的颜色,而菌体被染成复染剂的颜色,如菌体和芽孢分别被染成红色和绿色,易于区分。

（3）鞭毛是细菌的运动器官,非常纤细,直径一般为 10～20nm,超出了光学显微镜的观察极限,因此通常情况下在普通光学显微镜下观察不到鞭毛。通过使用特殊的染色技术,可以将染色液附加到鞭毛的周围,增加它的直径,从而能够在光学显微镜下观察到鞭毛,而且能检测鞭毛在细菌中的分布。尤其是鞭毛染色可用于区分假单胞菌科的一些有两极鞭毛的细菌和肠杆菌科有周身鞭毛的细菌（在运动时）。

鞭毛十分细小,很容易从细菌上脱离,所以要得到非常满意的鞭毛染色玻片十分困难。另外,很多染色方法会产生沉淀物,这使得观察鞭毛十分困难。鞭毛染色一般分为两类:一种是银染色法,使银在鞭毛上堆积;另一种是复红染色法,使复红沉积在鞭毛上。

实验材料及仪器设备

1. 实验材料

培养 18～24h 的枯草芽孢杆菌、圆褐固氮菌、变形菌、无菌水、95% 乙醇、石炭酸复红染色液、媒染色剂、吕氏美蓝染色液、结晶紫染色液、Fontana 银染色液、Leifson 鞭毛染色液、亚甲基蓝、酸性乙醇、墨水、洗涤剂。

2. 仪器设备和其他用品

酒精灯、试管架、吸水纸、载玻片、接种环、记号笔、镊子、显微镜等。

实验步骤

1. 荚膜染色

（1）涂片:在洁净无油腻的载玻片中央滴加一小滴无菌水（或用接种环挑 1 或 2 滴水）,用无菌的接种环挑取少量菌种与水滴充分混匀,涂成极薄的菌膜。

（2）干燥：涂片后在室温下使其自然干燥。

（3）固定：滴加1或2滴95%乙醇固定（不可加热固定）。

（4）初染：加石炭酸复红染色液染色1～2min，水洗，自然干燥。

（5）复染：在载玻片一端加一滴墨水，用一块边缘光滑的盖玻片与墨水接触，再以匀速推向另一端，涂成均匀的一薄层，自然干燥。

（6）干燥及观察：自然干燥后用油镜观察。

（7）清理：实验完毕，将有菌的载玻片用水煮沸后加洗涤剂浸泡，用纯水清洗干净并沥干。

2. 芽孢染色

（1）按常规涂片。

（2）滴加石炭酸复红染色液于涂片上，并于载玻片下缓缓加热，使染色液冒蒸汽但不沸腾，并继续滴加染色液，不使涂片上染色液蒸干，这样保持5min。

（3）涂片冷却后，倾去染色液，用酸性乙醇脱色至无红色染剂洗脱为止。

（4）彻底水洗。

（5）用吕氏美蓝染色液复染2～3min。

（6）水洗、吸干。

（7）镜检时，菌体及孢囊呈蓝色，芽孢呈红色。

（8）实验完毕，将有菌的载玻片用水煮沸后加洗涤剂浸泡，用纯水清洗干净并沥干。

注意具体实验中，在对一些特殊芽孢染色时，可根据需要更换染色液和复染液。

3. 鞭毛染色

（1）银盐沉积法（银染色法）：①将载玻片在火焰上快速灼烧5s，放在染色架上冷却，用记号笔将载玻片分成两个区域（用镊子夹住载玻片的一端）。②取2mL无菌水加入到生长活跃的斜面菌株中，慢慢振荡并旋转试管使菌株悬浮。然后转移到干净的试管中，通过悬滴实验检查菌体的运动性。用无菌水将菌悬液稀释至略有浑浊为止。放入20～30℃培养箱中培养30min，然后移取一满环悬浮液加在已冷却的载玻片一端。倾斜载玻片让液滴流到记号笔画的中心线处。在空气中自然干燥，不要加热载玻片。③用媒染色剂媒染5min。④慢慢用蒸馏水充分漂洗掉所有的媒染液。⑤用热的Fontana银染色液覆盖，染色5min，每隔1min更换1次染色液。细菌涂层的每一部分都始终要浸在染色液中，不能裸露。⑥用水冲洗，在空气中晾干，镜检。

（2）Leifson替代染色法：①将载玻片在火焰上快速灼烧5s，放在染色架上冷却，用记号笔将载玻片分成两个区域（用镊子夹住载玻片的一端）。②取2mL无菌水加入到生长活跃的斜面菌株中，慢慢振荡并旋转试管使菌株悬浮。然后转移到干净的试管中，通过悬滴实验检查菌体的运动性。用无菌水将菌悬液稀释至略有浑浊为止。放入 20～30℃培养箱中培养 30min,然后移取一满环悬浮液加在已冷却的载玻片一端。倾斜载玻片让液滴流到记号笔画的中心线处。在空气中自然干燥,不要加热载玻片。③滴加 1mL 的 Leifson 鞭毛染色液,注意不要使染色液干燥,直到载玻片上形成细微的铁锈色沉淀。④慢慢地用蒸馏水充分冲洗干净。⑤用 1% 的亚甲基蓝复染 5～10min。⑥用水洗净,在空气中干燥,镜检。没有复染时,细胞和鞭毛都呈桃红色,复染后,细胞被染成蓝色,鞭毛被染成红色。

实验报告

绘制并说明细菌的荚膜、芽孢及鞭毛的特征。

思考题

(1)为什么荚膜染色不用热固定?

(2)为什么芽孢染色需要加热固定?

(3)如果发现鞭毛已与菌体脱离,请解释原因。

实验八　放线菌细胞形态及菌落特征的观察

实验目的

(1)学习放线菌的染色方法。

(2)观察放线菌的细胞形态和菌落特征。

实验原理

放线菌是由菌丝组成的分枝丝状体。菌丝可分为基内菌丝、气生菌丝和孢子丝。放线菌孢子丝的形态及其在气生菌丝上的排列方式随菌种不同而异,是放线菌菌种鉴定的重要依据。孢子丝的形状有直形、波曲、钩状、螺旋状,螺旋状的孢子丝较为常见,其螺旋的松紧、大小、螺数和螺旋方向因菌种而异。孢子丝的着生方式有对生、互生、丛生与轮生(一级轮生和二级轮生)等多种。孢子丝发育到一定阶段便分化为孢子。在光学显微镜下,孢子呈圆形、椭圆形、杆状、圆柱状、瓜子状、梭状和半月状等。需要注意的是,即使是同一孢子丝分化形成的孢子其形状也不完全相同,因而不能用孢子的形状来作为分类、鉴定的依据。孢子的颜色十分丰富。孢子表面的纹饰因种而异,在电子显微镜下清晰可见,有的光滑,有的呈褶皱状、疣状、刺状、毛发状或鳞片状;有的孢子有刺,刺又有粗细、大小、长短和疏密之分,一般比较稳定,是菌种分类、鉴定的重要依据。

放线菌的菌落特征:圆形,较小,干燥,质地致密,表面为粉状或绒毛状,基内菌丝与培养基结合紧密。菌丝体与孢子具有不同色素,因此菌落正面与背面颜色不一。有的种类会有特殊气味。

◤ 实验材料及仪器设备

1. 实验材料

链霉菌的插片培养物或划线法培养的菌落、高氏一号培养基、无菌水、石炭酸复红染色液、美蓝染色液。

2. 仪器设备和其他用品

酒精灯、吸水纸、盖玻片、载玻片、接种环、镊子、解剖刀、显微镜等。

◤ 实验步骤

1. 放线菌细胞形态的观察

(1)插片法:①用接种环在放线菌斜面培养基上取少许放线菌菌体,放入无菌水中制成孢子悬液,用无菌吸管吸取孢子悬液一滴,放入高氏一号培养基,用涂布器涂布均匀,将已消毒好的盖玻片以30°～75°角斜插入培养基中,于28～30℃条件下培养4～5d。②用镊子取插入的盖玻片一块,用吸水纸擦去生长较差一面的菌丝体,并使有菌丝体的一面朝上,通过酒精灯外焰进行2或3次加热固定,冷却。③在盖玻片上滴加一滴石炭酸复红染色液,染色1min,水洗,干燥。④取干净载玻片一块,将盖玻片染色面朝下,放在载玻片中央,分别在低倍镜、高倍镜和油镜下进行观察(图1-9)。

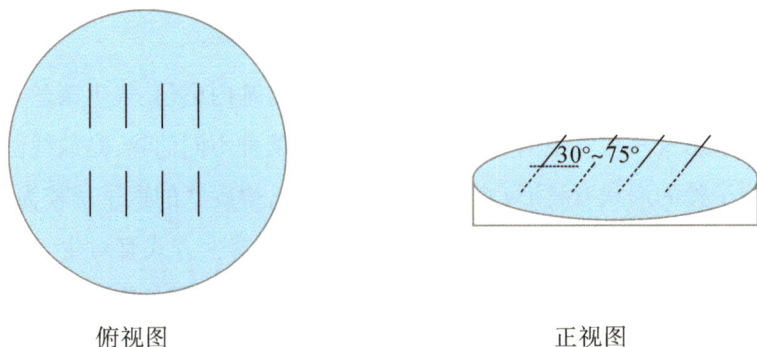

俯视图　　　　　　　　　　正视图

图1-9　插片法观察放线菌细胞

（2）印片法：①用平板划线法或涂布法分离出单独的菌落。②取一块干净的载玻片，在酒精灯外焰上微微加热后，放在染色架上，用解剖刀切割下一个完整的菌落，将菌落面紧贴微微加热过的载玻片中央，轻轻按压后，挑去菌块。③将载玻片通过酒精灯外焰2或3次，室温冷却。④滴加石炭酸复红染色液或美蓝染色液染色 2~3min，水洗，干燥。⑤分别在低倍镜、高倍镜和油镜下观察。

2. 放线菌菌落形态的观察

观察放线菌的菌落，主要从大小、形状、色泽、表面状况、干燥或湿润、是否有气味等方面进行特征描述。

◢ 实验报告

（1）绘制出观察到的放线菌细胞的形态结构，并对孢子丝、气生菌丝进行比较。

（2）描述放线菌的菌落特征。

◢ 思考题

放线菌的两种不同制片方法的重点操作步骤分别是什么？

实验九 酵母菌和霉菌的形态学观察

◢ 实验目的

（1）熟练掌握酵母菌和霉菌的简单染色技术。

（2）了解、体会酵母菌和霉菌的大小和形态。

◢ 实验原理

（1）酵母菌是单细胞微生物，属于高等微生物的真菌类，有细胞核、细胞膜、细胞壁、线粒体。酵母菌是兼性厌氧微生物，在缺乏氧气时，发酵型的酵母通过将糖类转化成为二氧化碳和乙醇来获取能量。

多数酵母菌可以分离于富含糖类的环境中，一些酵母在昆虫体内生活。酵母菌的形态通常有球形、卵圆形、腊肠形、椭圆形、柠檬形或藕节形等，比细菌的单细胞个体要大得多，一般为 1~5μm 或 5~20μm。

大多数酵母菌的菌落特征与细菌相似，但比细菌菌落大而厚，菌落表面光滑、湿润、黏稠,容易挑起,菌落质地均匀,颜色均一,菌落多为乳白色,少数为红色,个别为黑色。酵母菌的生殖方式分无性繁殖和有性繁殖两大类。无性繁殖包括芽殖、裂殖、芽裂。有性繁殖方式是通过子囊孢子繁殖。

观察酵母菌细胞时,用石炭酸棉蓝染色液染色。由于活细胞还原力强,石炭酸棉蓝染色液着色后又被还原成无色,而死细胞为蓝色。

(2)霉菌是丝状真菌的俗称,意即"发霉的真菌",它们往往能形成分枝繁茂的菌丝体,但又不像蘑菇那样产生大型的子实体。在潮湿温暖的地方,很多物品上会长出一些。肉眼可见的绒毛状、絮状或蛛网状的菌落同其他真菌一样,也有细胞壁,以寄生或腐生方式生存。

实验材料及仪器设备

1. 实验材料
啤酒酵母菌、曲霉、根霉、毛霉、无菌水、石炭酸棉蓝染色液、鲁氏碘液等。

2. 仪器设备和其他用品
酒精灯、试管架、吸水纸、载玻片、接种环、显微镜、镊子、胶带等。

实验步骤

1. 酵母菌制片及简单染色
(1)石炭酸棉蓝染色液水浸片法:①滴加一滴石炭酸棉蓝染色液于载玻片中央,用接种环挑取啤酒酵母麦芽汁斜面培养物中少许菌体置于染色液中,混合均匀。②用镊子取一块盖玻片,将盖玻片一边与菌液接触,缓慢将盖玻片倾斜并覆盖在菌液上。③将制片放置3min后,用低倍镜及高倍镜分别观察酵母菌的形态和出芽情况,并根据细胞颜色区分死细胞、活细胞。④染色30min后再次观察,注意死细胞、活细胞的比例是否发生变化。

(2)水–碘液浸片法:将鲁氏碘液用水稀释4倍后,滴加一滴于载玻片中央,无菌操作取少量菌体置于染色液中混匀,盖上盖玻片后镜检。

实验完毕,将有菌的载玻片用水煮沸后加洗涤剂浸泡,用纯水清洗干净并沥干。

2. 霉菌制片及简单染色
(1)直接制片观察法:滴加一滴石炭酸棉蓝染色液于载玻片上,用镊子从霉菌琼脂平板培养物中取出少量菌丝,先放入50%乙醇浸洗脱去脱落的孢子,然后置于载玻片的染色液中,用解剖针将菌丝分开,去掉培养基,盖上盖玻片,用低倍镜和高倍镜分别镜检。

(2)透明胶带法:①滴一滴石炭酸棉蓝染色液于载玻片上。②将食指与拇指粘在一段透明胶带两端,使透明胶带呈"U"形,胶面朝下。③将透明胶带轻触霉菌表面,再将胶带粘至载玻片上,用低倍镜和高倍镜分别镜检。

实验完毕,将有菌的载玻片用水煮沸后加洗涤剂浸泡,用纯水清洗干净并沥干。

◤ 实验报告

(1)图示镜检的酵母菌的形态及生殖方式。

(2)列表记录酵母菌的菌落特征。

(3)绘出镜检的霉菌细胞形态构造图,注明各构造的名称。

(4)列表记录霉菌的菌落特征。

◤ 思考题

(1)霉菌制片中为何用石炭酸棉蓝染色液而不用水?

(2)你能准确识别酵母菌与细菌菌落的区别吗?

实验十　微生物细胞大小的测定

◤ 实验目的

(1)学习并掌握目镜测微尺和镜台测微尺的构造与使用原理。

(2)了解和体会不同形态细菌大小测定的方法,增加对微生物细胞大小的感性认识。

◤ 实验原理

微生物细胞的大小是微生物重要的形态特征之一,由于微生物细胞太小,因此需要借助特殊的测量工具——显微测微尺(包括目镜测微尺和镜台测微尺)进行测定(图1-10)。

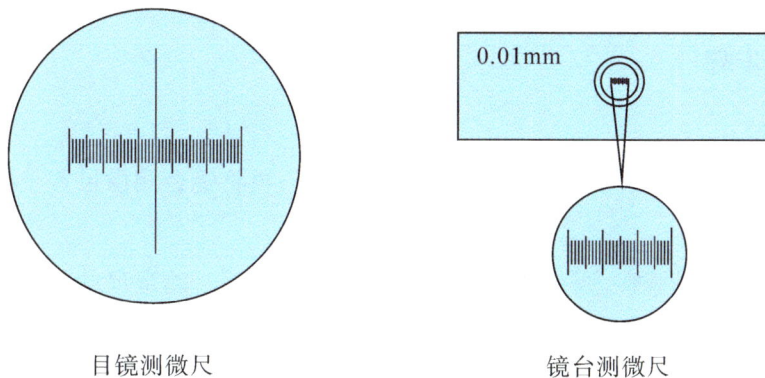

目镜测微尺　　　　　　　　镜台测微尺

图1-10　目镜测微尺和镜台测微尺

镜台测微尺是在一块载玻片的中央,用树胶封固一圆形的测微尺,长 1~2mm,分成 100 或 200 格。每格实际长度为 0.01mm(10μm)。目镜测微尺是一块可放入目镜内的圆形小玻片。

校正目镜测微尺时,把目镜的上透镜旋下,将目镜测微尺的刻度朝下轻轻地装入目镜的隔板上,再将镜台测微尺置于载物台上,刻度朝上。先用低倍镜观察,对准焦距,视野中看清镜台测微尺的刻度后,转动目镜,使目镜测微尺与镜台测微尺的刻度平行,移动推动器,使两尺重叠,再使两尺的某一刻度完全重合,定位后,仔细寻找两尺第二个完全重合的刻度,计数两重合刻度之间目镜测微尺的格数和镜台测微尺的格数(图 1-11)。

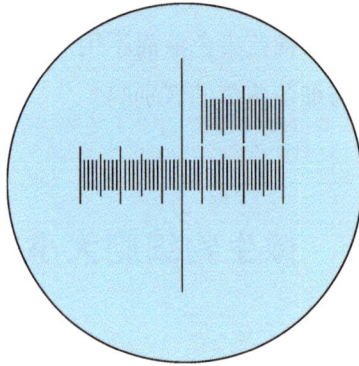

图 1-11　测微尺的校正

实验材料及仪器设备

1. 实验材料

枯草芽孢杆菌染色片、酵母菌染色片等。

2. 仪器设备和其他用品

目镜测微尺、镜台测微尺、光学显微镜等。

实验步骤

1. 目镜矫正

(1)将目镜测微尺装入目镜隔板上,使刻度向下;再将镜台测微尺置于载物台上,使刻度向上。

(2)先用低倍镜观察,调节工作距离,从视野中看清镜台测微尺的刻度后,移动细调节器并转动目镜,使目镜测微尺的刻度和镜台测微尺的刻度平行。

(3)用推进器定位,使两尺重叠,先使两尺一端"0"刻度完全重合,再寻找两尺另外一端的重合刻度,以两端的重合刻度线距离越远越好。

（4）数出两重合刻度间目镜测微尺的格数（N）和镜台测微尺的格数（n）。已知镜台测微尺每格长度是 $10\mu m$，目镜测微尺每格长度 X 为：$X = n \times 10/N$。

2. 细胞大小的测定

（1）将细菌或酵母染色片置于载物台上，分别用低倍镜和高倍镜找到目的物，再将菌体分散均匀的部位移动至视野中央。

（2）在高倍镜下测量酵母细胞的大小。先量出菌体长和宽或直径占有的目镜测微尺的格数，再用矫正的目镜测微尺每格长度计算出菌体大小。

在同一涂片上，任意测定 10～20 个细胞，求平均值，即代表该菌大小。

实验报告

将实验结果记录于表 1－4 和表 1－5 中。

表 1－4　目镜测微尺、镜台测微尺矫正结果

物镜	目镜测微尺格数	镜台测微尺格数	校正值
10×			
40×			
100×			

表 1－5　菌体大小记录

项目	1	2	3	4	……
长					
宽					……

思考题

（1）为什么目镜测微尺必须用镜台测微尺进行矫正？

（2）在不改变目镜和目镜测微尺的情况下，用不同放大倍数测定同一细菌时，测定结果是否相同？为什么？

实验十一　显微镜直接计数法

实验目的

（1）熟练掌握血细胞计数板的构造、原理和计数方法。

（2）掌握显微镜下直接计数的技能。

实验原理

血细胞计数板是一种常用的细胞计数工具，医学上常用来计数红细胞、白细胞等，因此得名。血细胞计数板也常用于计算一些细菌、真菌、酵母等微生物的数量，是一种常见的生物学工具。

血细胞计数板由"H"形凹槽分为 2 个同样的计数池。计数池两侧各有一支持柱，将特制的专用盖玻片覆盖其上，形成高 0.1mm 的计数池。计数池画有长、宽各 3.0mm 的方格，分为 9 个大方格，每个大方格面积为 $1.0mm \times 1.0mm = 1.0mm^2$，容积为 $1.0mm^2 \times 0.1mm = 0.1mm^3$。其中，中央大方格用双线分成 25 个中方格，位于正中及四角 5 个中方格是计数区域。

实验材料及仪器设备

1. 实验材料

酵母菌悬液或细菌悬液。

2. 仪器设备和其他用品

血细胞计数板、盖玻片、滴管、吸水纸、显微镜、滴管等。

实验步骤

（1）将菌悬液摇匀，用滴管吸取少许，从计数板中间平台两侧的沟槽内沿盖玻片的下边缘滴入一小滴，让菌悬液利用液体的表面张力充满计数区，勿使气泡产生，并用吸水纸吸去沟槽中流出的多余菌悬液。也可以将菌悬液直接滴加在计数区上，然后加盖盖玻片，不要有气泡产生。

（2）静置片刻，使细胞沉降到计数板上，不再随液体漂移。将血细胞计数板放置于显微镜的载物台上夹稳，先在低倍镜下找到计数区后，再转换高倍镜观察并计数。由于活细胞的折光率和水的折光率相近，观察时应减弱光照的强度。

（3）计数时，若计数区是由 16 个中方格组成，按对角线方位，数左上、左下、右上、右下的 4 个中方格（即 100 小格）的菌数。如果是 25 个中方格组成的计数区，除数上述 4 个中方格外，还需数中央 1 个中方格的菌数（即 80 个小格）。为了保证计数的准确性，避免重复计数和漏计，在计数时，对沉降在格线上的细胞的统计应有统一的规定。如菌体位于大方格的双线上，计数时则数上线不数下线，数左线不数右线，以减少误差，即位于本格的上线和左线上的细胞计入本格，本格的下线和右线上的细胞按规定计入相应的格中（图 1 - 12）。

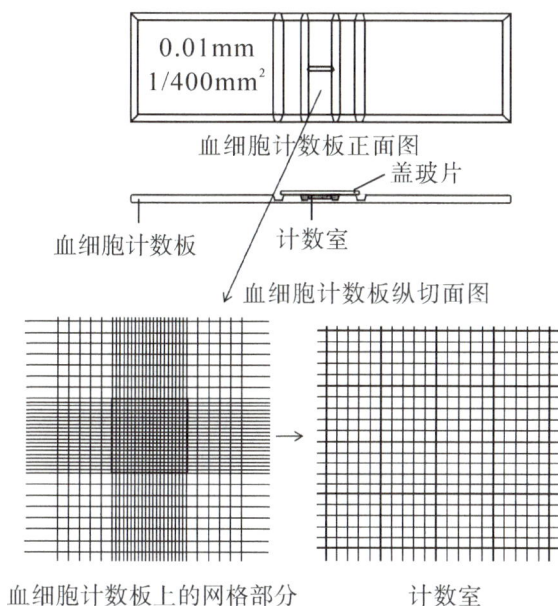

图 1 - 12 血细胞计数板

（4）测数完毕，取下盖玻片，用水将血细胞计数板冲洗干净，切勿用硬物洗刷或抹擦，以免损坏网格刻度。洗净后自行晾干或用吹风机吹干，放入盒内保存。

（5）根据使用的血细胞计数板方格类型进行计算。

实验报告

计算并报告所测样品每毫升的含菌数。

思考题

（1）血细胞计数板的显微镜直接计数法有何优、缺点？

（2）霉菌细胞可以用血细胞计数板进行计数吗？为什么？

（3）计数区由 16 个中方格或 25 个中方格组成，计数结果是否有区别？为什么？

实验十二　培养基的配制

实验目的

（1）熟练掌握培养基的配制原理。

（2）掌握牛肉膏蛋白胨、高氏一号、孟加拉红培养基的配制方法。

实验原理

培养基是指供给微生物、植物或动物（或组织）生长繁殖，由不同营养物质组合配制而成的营养基质，一般都含有碳水化合物、含氮物质、无机盐（包括微量元素）、维生素和水等物质。培养基既是提供细胞营养和促使细胞增殖的基础物质，也是细胞生长和繁殖的生存环境。

培养基种类很多，根据配制原料的来源可分为天然培养基、合成培养基、半合成培养基；根据物理状态可分为固体培养基、液体培养基、半固体培养基；根据培养功能可分为基础培养基、选择培养基、加富培养基、鉴别培养基等；根据使用范围可分为细菌培养基、放线菌培养基、酵母菌培养基、真菌培养基等。

培养基配成后一般需测试并调节其 pH 值，还须进行灭菌，通常有高温灭菌和过滤灭菌。培养基由于富含营养物质，易被污染或变质。配好后不宜久置，最好现配现用。

培养基可用于微生物的分离、纯化、培养、保存及菌种鉴定等，是微生物学的基本操作之一。

实验材料及仪器设备

1. 实验材料

牛肉膏、蛋白胨、氯化钠（NaCl）、氢氧化钠（NaOH）、可溶性淀粉、硝酸钾（KNO_3）、磷酸氢二钾（K_2HPO_4）、七水硫酸镁（$MgSO_4 \cdot 7H_2O$）、七水硫酸亚铁（$FeSO_4 \cdot 7H_2O$）、琼脂、葡萄糖、磷酸二氢钾（KH_2PO_4）、孟加拉红、链霉素、超纯水。

2. 仪器设备和其他用品

烧杯、量筒、pH 计、天平、铝箔纸、报纸等。

实验步骤

培养基配制的基本程序：称量药品—加水溶解—调节 pH 值—分装—灭菌。

1. 牛肉膏蛋白胨培养基的配制

（1）在烧杯中加入 800mL 超纯水，按表 1 - 6 配方依次加入相应试剂量。

表 1 - 6　牛肉膏蛋白胨培养基的配方

培养基成分	1000mL 加入量
牛肉膏	3g
蛋白胨	10g
NaCl	5g

（2）待牛肉膏、蛋白胨、NaCl 完全溶解后,用 1mol/L 或 5mol/L 的 NaOH 调节 pH 值至 7.2～7.8 后用超纯水定容。

（3）对培养基进行分装,分装后按 1000mL 培养基对应 18～20g 琼脂的比例,向分装后的培养基内加入相应的琼脂,封口后行高温高压灭菌。

2. 高氏一号培养基的配制

（1）在烧杯中加入 500mL 超纯水,按 1000mL 培养基对应 20g 可溶性淀粉的比例,向超纯水中加适量可溶性淀粉,用水浴加热法边加热边搅拌。

（2）另取一烧杯,在烧杯中加入 300～400mL 超纯水,按表 1－7 配方依次加入相应试剂量。

表 1－7　高氏一号培养基(无可溶性淀粉)的配方

培养基成分	1000mL 加入量
KNO_3	1g
K_2HPO_4	0.5g
$MgSO_4 \cdot 7H_2O$	0.5g
NaCl	0.5g
$FeSO_4 \cdot 7H_2O(100g/L)$	0.1mL

（3）待所有成分完全溶解后,将两个烧杯混匀,用 1mol/L 或 5mol/L 的 NaOH 调节 pH 值至 7.2～7.8 后定容。

（4）对培养基进行分装,分装后按 1000mL 培养基对应 18～20g 琼脂的比例,向分装后的培养基内加入相应琼脂,封口后行高温高压灭菌。

3. 孟加拉红培养基的配制

（1）在烧杯中加入 800mL 超纯水,按表 1－8 配方依次加入相应试剂量。

表 1－8　马丁氏(Martin)培养基

培养基成分	1000mL 加入量
葡萄糖	10g
蛋白胨	5g
KH_2PO_4	1g
$MgSO_4 \cdot 7H_2O$	0.5g
孟加拉红(1/100 水溶液)	10mL

（2）对培养基进行分装,分装后按 1000mL 培养基对应 18～20g 琼脂的比例,向分装后的培养基内加入相应琼脂,封口后行高温高压灭菌。

（3）使用时,每 100mL 加入已提前过滤灭菌的 1% 链霉素溶液 0.3mL,使培养基中含

链霉素终浓度为 $30\mu g/mL$。待培养基灭菌后冷却至 $50^{\circ}C$ 左右时,加入链霉素。

实验报告

描述本次培养基的配制过程。

思考题

(1)培养基配制的基本原则是什么?

(2)培养基配制好后,要求立即进行高温高压灭菌,这是为什么?

(3)3 种培养基的配制过程有什么区别?

(4)链霉素为什么要在高温高压灭菌后再往培养基中添加?

实验十三　灭菌与消毒

实验目的

(1)了解灭菌与消毒的基本概念。

(2)学习和掌握实验室常用灭菌与消毒的应用范围和使用方法等。

实验原理

1. 灭菌

灭菌是指采用强烈的理化因素使物体内、外部的一切微生物永远丧失其生长繁殖能力的措施。灭菌常用的方法有化学试剂灭菌、射线灭菌、干热灭菌、湿热灭菌和过滤除菌等。可根据不同的需求,采用不同的方法,如培养基灭菌一般采用湿热灭菌,空气灭菌则采用过滤除菌。

(1)热灭菌法:是利用高温使微生物细胞内的一切蛋白质变性、酶活性消失,致使细胞死亡。通常有干热灭菌、湿热灭菌等。

干热灭菌:将火焰灼烧法或烘箱内热空气灭菌法称为干热灭菌法。将金属器械或洗净的玻璃器皿放入电热干燥箱内,在 $150\sim170^{\circ}C$ 下维持 $1\sim2h$ 后,可达到彻底灭菌(包括细菌的芽孢)的目的。灼烧是一种最彻底的干热灭菌法,应用范围仅限于接种环、接种针的灭菌或带病原菌的材料、动物尸体的烧毁等。

湿热灭菌:以沸水、蒸汽和蒸汽加压灭菌。

（2）辐射灭菌:在一定条件下利用射线进行灭菌的方法。较常用的为紫外线,其他还有电离辐射（射线加快中子等）等。波长在 25000～80000nm 的激光也有强烈的杀菌能力,以波长 26500nm 最有效。

（3）化学试剂灭菌:大多数化学药剂在低浓度下起抑菌作用,高浓度下起杀菌作用。常用5%石炭酸、70%乙醇和乙二醇等。化学灭菌剂必须有挥发性,以便清除灭菌后材料上残余的药物。

化学灭菌常用的试剂有表面消毒剂、抗代谢药物（磺胺类等）、抗生素、生物药物素。抗生素是一类由微生物或其他生物生命活动过程中合成的次生代谢产物或人工衍生物,它们在很低浓度时就能抑制或感染其他生物（包括病原菌、病毒、癌细胞等）的生命活动,因而可用作优良的化学治疗剂。

2. 消毒

消毒是指杀死病原微生物,但不一定能杀死细菌芽孢的方法。通常用化学的方法来达到消毒的作用。用于消毒的化学药物叫作消毒剂。高锰酸钾具有强氧化性,是高效的消毒剂。0.1%的高锰酸钾溶液可作为皮肤、水果、器皿的表面消毒剂。

而灭菌是指把物体上所有的微生物（包括细菌芽孢在内）全部杀死的方法,通常用物理方法来达到灭菌的目的。

实验材料及仪器设备

1. 实验材料

牛肉膏蛋白胨培养基、乙醇、碘酒、高锰酸钾、无菌水等。

2. 仪器设备和其他用品

电热干燥箱、高压灭菌锅、微孔滤膜、紫外线灯、培养皿、试管等。

实验步骤

1. 干热灭菌

（1）将包好的待灭菌物品（培养皿、试管等）放入电热干燥箱中,关好箱门。

（2）接通电源,按下设置按钮或开关,通过调节按钮将温度设置为 160～170℃。

（3）待温度升至 160～170℃时,保温 2h。

（4）切断电源,自然降温。

（5）待电热干燥箱内温度降到 70℃以下,打开箱门,取出灭菌物品。

2. 湿热灭菌（高温高压蒸汽灭菌）

（1）先将提篮取出,向灭菌锅内加适量的水,使水面与三角搁架相平。

（2）将提篮放回灭菌锅内，装入待灭菌物品。

（3）将排气软管插入灭菌锅的排气槽内，扭紧螺栓物使灭菌锅放气。如果使用全自动灭菌锅，则此处盖上盖子即可。

（4）打开灭菌按钮，开始灭菌，灭菌过程会经过放气、升温、恒温、放气、降温的灭菌过程。一般情况下，灭菌采用121℃、灭菌20min的灭菌程序。

（5）灭菌结束后，灭菌锅内温度自然下降至55～60℃时可打开灭菌锅，拿出灭菌物体，灭菌结束。

3. 紫外线灭菌

（1）在无菌室或者超净工作台内，关闭灯光，打开紫外线灯开关，照射30min，关闭紫外线灯。

（2）黑暗条件下，通风15min，关闭通风。

4. 过滤除菌

（1）将0.22μm孔径的滤膜装入清洗干净的塑料滤器中，旋紧压平。

（2）将灭菌滤器的入口在无菌条件下以无菌操作方式连接至装有待过滤溶液的注射器，将无菌针头与出口连接并插入带橡胶塞的无菌试管中。

（3）将注射器中待过滤溶液加压，缓慢挤入到无菌试管中，过滤完毕，将针头拔出。

（4）弃去塑料滤器上的微孔滤膜，将微孔滤器清洗干净，灭菌后使用。

5. 化学试剂灭菌

（1）乙醇：无水乙醇的杀菌率很低，70%～75%的乙醇杀菌力最强，10%～20%的乙醇无杀菌作用，1%的乙醇只对某些菌有杀菌作用。

（2）碘酒：1%的碘酒可在10min内杀死芽孢和真菌，碘酒通常用于皮肤消毒。

实验报告

描述本次实验过程中涉及的所有灭菌方式。

思考题

（1）如果需要配制一种含有某抗生素的牛肉膏蛋白胨培养基，应如何进行培养基的灭菌？

（2）不同灭菌方式的区别是什么？

实验十四 厌氧微生物的分离与纯化

实验目的

（1）了解厌氧细菌培养的原理。

（2）学习和掌握实验室分离培养厌氧细菌的技术。

实验原理

厌氧微生物分布广泛、种类繁多，具有不同的代谢产物及生理生化过程，其越来越多地参与到实际应用过程中。由于厌氧微生物不能代谢氧，因此厌氧微生物要求在隔绝空气的条件或在低氧化还原电位的条件下才能生长繁殖。在分离培养厌氧微生物时，必须除去培养环境中的空气或提高培养基的还原能力。实验室常用以下方法进行厌氧微生物的培养。

1. 矿物油隔绝空气法

矿物油隔绝空气法，即在试管或三角瓶中装入占容积 2/3 的培养液，接种后，在培养液液面滴加一层熔化的液状石蜡，加灭菌橡皮塞封闭管口，然后进行培养。此法简便易行，但厌氧条件不严格。

2. 化学除氧法

常用碱性焦性没食子酸法及庖肉培养基法。

（1）碱性焦性没食子酸法：在密闭容器中（干燥器）加入培养物后，再按 100mL 容积需焦性没食子酸 1g 及 10g/L 浓度的 NaOH 10mL，将 2 种化合物混合后立即放入容器中，营造厌氧环境。利用亚甲蓝的变色反应作为厌氧度的指示剂。

这种方法制造厌氧环境能力强，效果明显，无须特殊设备；缺点是容器中 CO_2 也被碱吸收，不利于某些需 CO_2 的菌系生长。

（2）庖肉培养基法：碱性焦性没食子酸法主要用于厌氧菌的斜面及平板等固体培养，而庖肉培基法则对厌氧菌进行液体培养时最常采用。其实验原理是将精瘦牛肉或猪肉经处理后配成庖肉培养基，其中既含有易被氧化的不饱和脂肪酸能吸收氧，又含有谷胱甘肽等还原性物质而形成负氧化还原电势差，再加上将培养基煮沸驱氧及用液状石蜡凡士林封闭液面，可用于培养厌氧菌。这种方法是保藏厌氧菌，特别是厌氧芽孢菌的一种简单可行的方法。若操作适宜，严格厌氧菌都可在此种培养基上生长，如破伤风梭状芽孢杆菌。

3. 排气法

在可密封的玻璃真空干燥器中,用真空泵抽气以创造绝对厌氧的环境条件。还可采用倒扣培养皿法,即将厌氧微生物接种到还没有凝固的培养基中,再将培养基倒入皿盖,使之凝固。再以底为盖,底面紧贴培养基表面以驱逐空气。工作时,需严格进行无菌操作。

◤ 实验材料及仪器设备

1. 实验材料

污泥、含 10g/L 葡萄糖的牛肉膏蛋白胨琼脂培养基、凡士林、NaOH 溶液、亚甲蓝指示剂、焦性没食子酸、石蜡凡士林、无菌水、疱肉培养基、巴氏芽孢梭菌、荧光假单胞菌等。

2. 仪器设备和其他用品

无菌培养皿、无菌吸管、烧杯、干燥器、大试管、三角瓶、培养箱等。

◤ 实验步骤

本实验采用焦性没食子酸吸氧法进行。

1. 稀释倾注分离法

(1)培养容器的准备:准备干燥器 1 个,装有亚甲蓝指示剂的试管或小三角瓶一个。称取焦性没食子酸粉一份(称量按培养容器体积计算加入,一般 100mL 容积约需 1g)放入干燥器的底层;量取浓度为 10g/L 的 NaOH 溶液 10 份于小烧杯中,烧杯斜置于干燥器隔板上,再放入亚甲蓝指示剂(煮沸呈无色时放入)备用。

(2)样品稀释:将待检样品适当稀释或按 10 倍系列稀释法稀释到 10^{-2},备用。

(3)接种:取无菌培养皿 2 或 3 套,用无菌吸管吸取待检样品稀释液各 1mL 于无菌培养皿中,然后倒入已融化并保温在 50℃ 左右的含 10g/L 葡萄糖的牛肉膏蛋白胨琼脂培养基,转动培养皿,使之混匀,并冷凝成平板。

(4)培养:将培养皿置于干燥器中,随即将其中盛有 NaOH 的小烧杯倾倒,使碱液与焦性没食子酸相作用,并立即封好干燥器盖(以凡士林封口),置 28～30℃ 条件下培养 10～14d。培养期间,注意亚甲蓝指示剂颜色的变化,若为无色,即为厌氧条件。

(5)结果检查:培养后,观察培养基中有无菌落长出。如果有菌落长出,进行涂片、染色,镜检细胞形态。

2. 厌氧细菌斜面分离法

(1)稀释、接种:将待测样品先进行一系列稀释,然后取高稀释度的稀释液在斜面上划线接种多管。

（2）培养：另取大试管（25mm×250mm）1支，加入焦性没食子酸1g，于管底放入玻璃支架1个。然后用吸管沿管壁加入10g/L的NaOH溶液10mL，迅速放入接种好的斜面管于玻璃支架上，用橡皮塞紧塞管口，于28～30℃条件下培养10～14d，检查结果。若一次未获种，再行稀释分离，直至获得纯种。

3. 庖肉培养基法

（1）接种：将石蜡凡士林先于火焰上微微加热，使其边缘融化，再用接种环将石蜡凡士林块斜立或直立在液面上，然后用接种环或无菌滴管接种。接种后再将液面上的石蜡凡士林块在火焰上加热使其融化，然后将试管直立静置，使石蜡凡士林凝固并密封培养基液面。

（2）培养：按上述方法将接种巴氏芽孢梭菌和荧光假单胞菌的庖肉培养基置于30℃条件下培养，注意观察培养基的颜色变化和熔封石蜡凡士林的状态。

实验报告

简述实验中选取的厌氧菌分离培养的方法原理，该分离方法有何优、缺点？

思考题

（1）在通气良好的环境中，空气对厌氧细菌会不会产生毒害作用？为什么？

（2）在进行厌氧菌培养的时候，为什么每次都应接种一种严格好氧菌作为对照？

实验十五　植物乳植杆菌的分离与纯化

实验目的

（1）了解应用选择性培养基分离乳酸菌的原理。

（2）学习和掌握实验室常用乳酸菌的分离方法。

实验原理

植物乳植杆菌是乳酸菌（lactic acid bacteria，LAB）的一种，具有免疫调节作用，对致病菌有抑制作用，有降低血清胆固醇含量和预防心血管疾病等的保健作用。植物乳植杆菌是厌氧或兼性厌氧微生物，菌种为直或弯的杆状，单个，有时成对或呈链状出现，最适pH值为6.5左右，属于同型发酵乳酸菌。植物乳植杆菌表面菌落直径约3mm，凸起，呈圆形,表面光滑、细密,色白,偶尔呈浅黄色或深黄色。该类菌属化能异养菌,生长需要营养丰富的培养基,需要泛酸钙和烟酸,但不需要硫胺素、吡哆醛、吡哆胺、叶酸、维生素 B_{12}。这类微生物能发酵戊糖或葡萄糖酸盐,终产物中85%以上是乳酸。通常不还原硝酸盐,不液化明胶,接触酶和氧化酶都显示阴性。其能产生 DL - 乳酸,有 1,6 - 二磷酸果糖醛缩酶和单磷酸己糖途径的活性,能在葡萄酸盐中生长,并产 CO_2。该类微生物发酵1 分子的核糖或其他的戊糖生成 1 分子的乳酸和 1 分子的乙酸。通常情况下,植物乳植杆菌的最适生长温度为 30 ~ 35℃,在 15℃ 条件下也能生长。

实验材料及仪器设备

1. 实验材料

奶制品、肉类、酸菜、泡菜等,乳酸菌筛选培养基(MRS 培养基),次氯酸钠溶液,表面活性剂 Triton X - 100、无菌水、乙醇、碘液。

2. 仪器设备和其他用品

无菌吸管、无菌培养皿、涂布器、解剖刀、滤纸,以及接种、染色、镜检用物等。

实验步骤

1. 奶制品中植物乳植杆菌的分离与纯化

(1)用无菌吸管吸取奶制品 0.1mL,用梯度稀释的方法稀释成 10^0、10^{-1}、10^{-2}、10^{-3}、10^{-4} 梯度浓度。

(2)分别吸取不同梯度浓度溶液 100μL ,涂布于 MRS 培养基上。

(3)将培养物在 37℃ 条件下培养 3 ~ 10d。

(4)将培养基上长出的菌落进行划线培养。

2. 肉类、酸菜、泡菜等实验材料中植物乳植杆菌的分离与纯化

(1)将肉类、酸菜、泡菜等用清水洗净,加 70% 乙醇,将实验样品充分润洗。

(2)将乙醇吸出,加入次氯酸钠混合液(50% 次氯酸钠溶液,10mL 混合液中添加 50μL Triton X - 100,加无菌水混匀),充分润洗。

(3)在润洗的过程中,来回颠倒离心管,使实验样品与次氯酸钠混合液充分接触。

(4)用次氯酸钠混合液润洗 10min 后,将次氯酸钠混合液吸出,加无菌水,对实验样品进行润洗,然后吸出润洗过后的无菌水。

(5)再加无菌水,对实验样品进行润洗,然后吸出润洗过后的无菌水。

(6)重复(5)4 或 5 次。

(7)用无菌滤纸吸干水分。

(8)收集最后一次冲洗的无菌水,吸取100μL涂布于固体培养基上,以检测表面消毒是否彻底。

(9)将吸干表面水分的实验样品切成5～10mm的小段,贴附于MRS培养基上,于37℃条件下培养3～10d。

(10)培养结束后,分离切面周边生长的菌落,转接于新的培养基平板进行纯化培养。

3.镜检

在划线皿中,挑选2或3个典型菌落(在皿底上分别进行标记),在低倍镜、高倍镜下检查纯度,以识别纯培养体。必要时,可将纯菌落再移接于斜面培养基上,培养保存,即获纯种。

◤ 实验报告

图示镜检的植物乳植杆菌的细胞形态,并描述其菌落特征。

◤ 思考题

(1)为什么植物乳植杆菌分离过程中要使用MRS培养基?该种培养基的主要成分是什么?为什么该种培养基能够分离植物乳植杆菌?该种培养基还有其他用途吗?

(2)植物乳植杆菌培养过程中的注意事项是什么?

(3)还可以从哪些实验材料中分离得到植物乳植杆菌?

(4)植物乳植杆菌在实际生产生活中有哪些用途?

实验十六　酵母菌的分离与纯化

◤ 实验目的

(1)了解利用选择性培养基分离酵母菌的原理。

(2)学习和掌握实验室常用酵母菌的分离方法。

◤ 实验原理

酵母菌是一种单细胞真菌,是一种能将糖发酵成乙醇和二氧化碳的肉眼看不见的微小单细胞微生物,分布于整个自然界。酵母菌是一种典型的兼性厌氧微生物,在有氧和无氧条件下都能够存活,是一种天然发酵剂。酵母菌主要存在于含糖分较多的基质或土壤中,在成熟的葡萄、苹果、梨等果皮上均有存在,易于被分离得到。优良的酒曲也是获得优良酵母菌菌种的好材料。酵母菌喜偏酸环境,适宜的 pH 值为 4~6。在液体培养基中,它比霉菌生长更快。为防止细菌与霉菌的污染,采用酸性液体培养基进行酵母菌的选择性分离,易获得纯种。

实验材料及仪器设备

1. 实验材料

果品或酒曲、含 0.5% 灭菌乳酸的豆芽汁蔗糖培养液(每管 10mL)、豆芽汁蔗糖琼脂培养基(每管 15mL)、碘液等。

2. 仪器设备和其他用品

无菌吸管、无菌培养皿、无菌药勺、解剖刀,以及接种、染色、镜检需要用到的相关物品等。

实验步骤

1. 接种

取含 0.5% 灭菌乳酸的豆芽汁蔗糖培养液 1 支,用无菌解剖刀切取一小块果皮,或用无菌药勺取一小勺酒曲放入培养液中,在 28℃ 条件下培养 24h,培养液变混浊即表示有菌生长。

2. 培养

用无菌吸管吸取上述培养液 0.1mL,接种于另一支含 0.5% 灭菌乳酸的豆芽汁蔗糖培养液中,在 28℃ 条件下培养 24h。

3. 分离

用接种环蘸取 2 滴液体培养产物,用划线法在平板上进行划线分离,置平板于 28℃ 条件下培养 24h,进行结果检查。

4. 镜检

在划线皿中,挑选 2 或 3 个典型菌落,用碘液制成水浸片,在低倍镜、高倍镜下检查纯度,以识别纯培养体。必要时,可将纯菌落再移接于斜面培养基上培养保存,即获纯种。

实验报告

图示镜检的酵母菌细胞形态和出芽生殖方式,并描述其菌落特征。

思考题

（1）什么是选择性培养基？分离酵母菌时应选择哪种选择性培养基？

（2）划线分离中，为何可以不用酸化的培养基？

实验十七　食用真菌的观察及培养

实验目的

（1）了解食用真菌的子实体特征、显微特征。

（2）掌握食用真菌母种分离、纯化及菌种鉴定的方法。

实验原理

食用真菌是指可被人类食用的大型真菌，即可供食用的蕈菌。食用真菌能形成大型的肉质（或胶质）子实体或菌核组织，如平菇、草菇、金针菇、香菇、双孢蘑菇、木耳、银耳、猴头菇和蜜环菌等。食用真菌绝大多数为担子菌，少数属于子囊菌。食用真菌味道鲜美，风味独特，营养丰富，且具有保健作用，又是重要的药用资源。

食用真菌子实体是产生孢子的繁殖结构。其形态多种多样，因种而异，有伞状、耳状、头状等，以伞状为多见。伞状的外部形态包括菌盖与菌柄两个主要部分，有的菌柄上还附有菌环和菌托等。耳状以黑木耳为代表，形态似耳，胶质，半透明，富弹性，黑褐色；猴头菇子实体为头状或卵圆形，肉质，新鲜时为白色，表面生密集下垂的针形菌刺，通过实物或标本可进一步观察它们的形态构造和特征。

食用真菌菌丝为有隔菌丝，其宽度因菌种而异。锁状联合是多种食用真菌菌丝的一个显著特征。通过锁状联合，可使一个双核细胞发育成两个双核细胞，并在两细胞隔膜处残留明显的锁状突起，有无锁状联合及锁状突起的多少、大小等是食用真菌分类的重要依据。

子实层是子囊菌或担子菌的产孢表面，在子囊菌中由子囊和侧丝组成，在担子菌中由担子和囊状体组成。

从子实体获得担孢子或组织块培养后，使其萌发或恢复为菌丝体，经筛选获得的菌种称母种。母种的优劣是食用真菌生产成败的关键，也是优质高产的前提。

优良的菌种是食用与药用真菌栽培达到优质高产的前提。因此在生产中，必须把握好菌种质量关。菌种质量的鉴定包括两个方面:一是菌种外观形态特征,二是遗传特征。菌种外观形态特征,如菌种的纯度、生活力强弱等,借用显微镜及肉眼观察,容易判断。遗传特征是指品种或菌株的优劣、是否高产优质、抗逆能力等,凭菌种外观难以鉴别,必须通过栽培出菇实验才能鉴定。

实验材料及仪器设备

1. 实验材料

新鲜的平菇、香菇、双孢蘑菇、金针菇、猴头菇的子实体,培养 7 ~ 10d 的斜面菌种,母种,原种及栽培种;水发的黑木耳、银耳,及菇类标本瓶。七分成熟的双孢蘑菇、平菇、香菇等平菇子实体。马铃薯蔗糖琼脂平板培养基,石炭酸复红染色液,乳酸棉蓝液,通心草或胡萝卜块,75% 乙醇。

2. 仪器设备和其他用品

镊子、刀片、瓷盘、尺子、放大镜、显微镜、小烧杯、玻璃棒、解剖针、无菌纱布、无菌培养皿、无菌钢丝、无菌操作箱等。

实验步骤

1. 食用真菌子实体的形态观察

(1)伞状菇类子实体观察:①外形观察,选取平菇、双孢蘑菇、香菇、金针菇新鲜子实体,用手摸菌盖、菌柄质地;观察各部外形、色泽、表面结构和边缘状况;用尺子测量菌盖直径、菌柄长度、粗细,注意有无菌环及其着生部位。②剖面观察,用刀片从菌柄基部沿中轴线向上纵剖至菌盖顶部,顺势用手掰成两半,仔细观察纵断面的构造,注意菌盖厚度、褶片形状、大小、色泽、菌褶与菌柄的着生关系、菌柄质地与表面状况。

(2)猴头菇观察:记录形状、大小、颜色、菌刺着生位置及长度。

(3)耳类子实体观察:①外形观察,将黑木耳与银耳放入瓷盘中,观察形状、色泽、质地(手感)等。②子实体结构,用放大镜观察子实体腹面与背面特征,有无茸毛、脉纹等。

2. 菌丝体的形态观察

(1)制片:将各斜面母种分别接于马铃薯蔗糖琼脂平板培养基上,用无菌镊子取灭菌盖玻片 3 ~ 5 片,以 45°角插入培养基内距接种块 2cm 处,插入深度约 1/2,然后置 25℃条件下培养 3 ~ 5d,当菌丝长到盖玻片上时,用镊子取出盖玻片,制片观察。

(2)镜检:于高倍镜下观察比较各种食用真菌的气生菌丝和基内菌丝的宽度、色泽、有无菌索、有无锁状联合,注意观察锁状联合突起的大小和出现多少。如香菇和平菇的锁状联合大小不一,银耳的锁状突起小而少,灵芝的锁状突起小而多,猴头菇的锁状突起大且明显等。

3．子实层的形态观察

（1）切片：将子实体菌褶取下,夹在胡萝卜块裂缝中间（用刀片沿横断面垂直方向划开一裂缝）,并用左手紧握,右手沿菌褶的褶片向怀里方向横切,切得越薄越好（一般不超过 $20\sim30\mu m$ ）,然后将切片放入盛有蒸馏水的小烧杯中。

（2）制片：在干净载玻片中央滴蒸馏水少许,用镊子小心地夹取切片数块放入水滴中,再用解剖针拨平,盖上盖玻片。

（3）镜检：于高倍镜下观察担子、担孢子的形态及着生情况。

4．食用真菌目种的分离与纯化

（1）选取种菇：选取无杂菌感染、无病虫害、出菇均匀、适应性强的菇床子实体,要求个体健壮,朵大肉厚,外形规整,出菇早,约七成成熟的新鲜子实体。

（2）种菇处理：采收后,切去大部分菌柄放入干净器皿内备用。

（3）分离：①孢子分离法。用一直径 $30cm$ 的瓷盘,盘上铺 4 层纱布,上面放一套反扣的培养皿,皿底放一个插种菇用的钢丝架,外面罩上玻璃钟罩,罩口加塞棉塞或包裹多层纱布。将种菇切去菌柄基部,用 75% 乙醇进行表面消毒,无菌水冲洗数次,再用无菌纱布揩干,将菌褶一面朝下插到钢丝钩上,静置 $1\sim2d$ 。待菌褶中的孢子大量散落到培养皿内、形成粉末状孢子印时取下种菇,用无菌注射器吸取 $3\sim5mL$ 无菌水注入培养皿中,略加摇动,使孢子均匀悬浮于水中。将皿倾斜,待孢子稍沉后,用注射器吸取沉底的孢子,注入 1 或 2 滴孢子悬液于试管斜面培养基上。或用接种针挑取少量孢子,直接在斜面培养基上划线。待孢子萌发成菌苔时,选取萌发快、生长良好的斜面管,转管培养,再纯化。②三角瓶悬钩法。选择皱褶多、朵大、肉厚、健壮的黑木耳,放在灭菌的三角瓶或大试管中,用无菌水振荡冲洗 3 次。取出放在灭过菌的培养皿内,在 $20\sim28℃$ 条件下培养 $1\sim2d$ 。用无菌剪刀剪成小片,取 1 小片用细钢丝钩住,悬挂在底部盛有马铃薯蔗糖琼脂培养基的三角瓶内,使耳片空悬于三角瓶中央,塞上棉塞,在 $20\sim25℃$ 条件下培养。经 $1\sim2d$ 后,培养基表面即散落雾状孢子印。此时以无菌操作法去掉耳片,塞好棉塞,置三角瓶于 $20\sim25℃$ 条件下培养,待白色菌丝长出后,移菌丝于斜面上,待纯化。

（4）转管纯化：为了保证菌种的纯度,无论是孢子分离,还是组织分离,都要进行转管纯化。将已分离的试管种,选其生长迅速、菌丝粗壮、无污染者为初分离母种。经 2 或 3 次转管提纯复壮后,做出菇实验,若符合高产优质、抗逆能力强、生活周期短者,方可确定为生产、科研用母种。

5．食用真菌菌种质量鉴定

（1）直观法：凭感观直接观察菌种表面性状的方法,称直观法。优良菌种一般共有的特征是纯度高、无杂菌,色泽正、有光泽,菌丝健壮、浓密有力,具有其特有的香味,无异味。直观法比较简单,但鉴定人必须要有丰富的实践经验。

(2)镜检法:选取少量各种食用真菌的菌丝制片,在显微镜下观察分枝、分隔、锁状联合及孢子等特征,对细胞结构进行鉴定。

(3)培养观察:通过对各种食用真菌菌种培养菌丝,观察其对水分、湿度、温度、pH 的耐受性,以确定菌种生活力和适应环境能力。

(4)出菇实验:对各种食用真菌菌种做出菇实验,根据条件采用瓶栽、袋栽、压块栽培,观察出菇能力,做好记录,分析产量和质量。

6. 母种鉴别

母种的鉴别主要是根据菌丝微观结构的镜检和外观形态的肉眼观察加以鉴别。

(1)双孢蘑菇:菌丝体呈白色,略带黄色或灰色,纤细蓬松。常见有两种类型:一种是气生型,菌丝直立,绒毛状,爬壁力强;另一种为匍匐型,菌丝平伏,紧贴培养基,蘑菇菌丝老化后分泌色素。菌丝无锁状联合。

(2)香菇:菌丝体呈白色,粗壮,为绒毛状,平伏生长,生长速度为每日$(7 \pm 2)\,mm$。满管后,菌丝有爬壁现象,边缘不规则,老化时培养基变为淡黄色,早熟品种存放时间长,有的可形成原基或小菇蕾。

(3)木耳:菌丝体呈白色,在培养基上匍匐生长、不爬壁,似细羊毛状,短而整齐,长满斜面后逐渐老化,出现米黄色斑,同时在培养基内产生黑色素。久放见光,在斜面边缘或底部会出现散质状琥珀色颗粒原基。毛木耳菌种老化后,有时在斜面上部可出现红褐色珊瑚状原基。

(4)银耳:母种包括银耳菌和香灰菌。银耳菌丝体呈纯白色,短而细密,前端整齐。培养初期,菌丝呈锈球状的白毛团,生长速度极缓慢,每日生长量为$1\,mm$,随着菌龄延长,白毛团四周有一圈紧贴培养基的晕环。如不易胶质化,适合做段木种。

(5)金针菇:菌丝呈白色,有时稍带灰色,粗壮,为绒毛状,初期蓬松,后期气生菌丝紧贴培养基,产生孢子,有锁状联合。斜面上易产生子实体。

7. 原种及栽培种鉴定

(1)平菇:菌丝洁白浓密,健壮有力,爬壁力强,能广泛利用各种代用料栽培。整个菌丝柱不干缩,不脱离瓶壁。瓶内无积水,无杂菌感染。有时瓶内有少量的小菇蕾出现。

(2)香菇:菌丝洁白、粗壮、生长迅速、浓密,能分泌深黄色至棕褐色色素。

(3)金针菇:菌丝洁白、健壮,为生活力强的标志。若后期木屑培养基表面出现琥珀色液滴或丛状实体,应尽快食用。

(4)银耳:瓶内香灰菌的羽毛状菌丝颜色洁白,生长健壮,初期分布均匀,后期耳基下方出现成束根状分布,表面黑疤多分布均匀,无其他杂斑。银耳菌丝深入培养基内较深部位,在耳基下面有较厚的一层银耳菌丝,木屑颜色已变淡,白色绒毛团旺盛,耳基大,生命力强。如果有羽毛状菌丝,而白色绒毛团缺少,则必须加银耳酵母状分生孢子才能食用。

(5)木耳:菌丝洁白整齐,粗壮有力,呈细羊毛状,短而整齐,延伸瓶底,上下均匀,挖出成块,不易散碎,为合格菌种。

◤ 实验报告

(1)绘制出你所观察的食用真菌子实体的形态图。

(2)将观察到的子实体特征填入表1-9。

表1-9　食用真菌子实体的构造特征

菌名	形状	大小(mm)	厚度(mm)	色泽	长度(mm)	菌环	锁状联合

(3)绘制出你所观察到的食用真菌菌丝的锁状联合形态图及不同食用真菌的担子和担孢子的形态图。

(4)简述食用真菌母种的分离方法。

(5)记录所观察的食用真菌各级菌种的形态特征。

◤ 思考题

(1)食用真菌子实体形态特征分类的意义是什么?

(2)观察食用真菌菌丝体和子实层显微特征的意义是什么?

(3)食用真菌菌种质量鉴定的意义是什么?

实验十八　土壤微生物的分离与计数

◤ 实验目的

(1)学习土壤微生物分离与计数的方法。

(2)学习和了解平板菌落计数的原理,识别土壤微生物的菌落特征。

实验原理

土壤是微生物生存的天然基地,土壤中微生物的数量和种类是所有载体中最多的,要认识和了解各种生物的功能和对土壤肥力的意义,就必须将它们从复杂的土壤环境中分离出来加以探究。

土壤微生物的分离与计数是微生物学最重要的基本技术之一。虽然分离方法有很多局限性,但仍得到广泛应用。稀释平板分离测数法是测定土壤中活菌数最常用的一种方法,其原理是将定量土壤先制成土壤悬液,将存在于土粒上的微生物分离下来,再以连续稀释的方法使其成为单个细胞分散于稀释液中进行接种,使细胞在培养基上发育成肉眼可见的菌落。进行菌落计数,换算成单位重量干土中各类微生物的细胞数,即是土壤微生物的计数。

分离计数时,须采用不同的培养基,以适应不同生理类群的微生物生长。

实验材料及仪器设备

1. 实验材料

牛肉膏蛋白胨培养基、无菌水等。

2. 仪器设备和其他用品

试管、烧杯、培养皿、吸管、涂布器、称量纸、天平、振荡机、采样手铲、收纳袋、铝盒、三角瓶、培养箱等。

实验步骤

1. 采集土壤样品

土壤样品要求具有一定的代表性和均一性。在分析田块上选定 3 ~ 5 个取样点。小于 50m² 以对角线三点取样,大于 50m² 以交叉线 5 点取样。若有作物生长的小区实验,可在小区内分点;若做土壤微生物动态分析,必须固定取样点。根据目的,确定深度和土层。先将表层 3cm 的土刮去,取土工具在采样点旁土壤中擦拭数次再使用,收集距离土壤表层 10 ~ 20cm 的土壤样品。记录土壤名称、采样深度、地点、植被、采样日期、采样者等。样品带回应当日分析,否则需放 4℃ 冰箱内,以免发生微生物区系组成的变化。

2. 土样处理

土壤样品充分混匀后,去除残根及砾石。用灭菌称样纸称取分析用样品量。同时,称取土样做土壤含水量测定,计算水分系数,以便换算成每克干土中含微生物的数量。

含水量测定法:取已知烘干恒重铝盒 2 个(重复一次)记为 W,再分别称取 10g 土样放入盒中记为 W1。将土壤样品放置于烘箱中,在 105℃下烘 2 ~ 4h,称重记为 W2,必要时再烘 2h,冷却后称重,使两次称重相差不大于 3mg,则可认为是恒重。

计算含水量及水分系数。

水分系数公式:(W2 - W1)/10 ×100% 。

3. 土壤稀释液的制备

称取土样 10g,加入盛有 90mL 无菌水的三角瓶中,置振荡机上振荡 15min,即得 10^{-1} 浓度的土壤悬液。静置 30s,用 1mL 无菌吸管吸取 10^{-1} 的土壤悬液 1mL 放入 9mL 无菌水管中,吹吸 3 次混匀,即为 10^{-2} 稀释液,依次从 10^{-2} 连续稀释至 10^{-5},即得一系列的 10 倍土壤稀释液。

4. 接种

稀释平板分离常采用两种方法接种。

(1)涂布法:即在已制好的平板上接种。用 1mL 无菌吸管吸取土壤稀释液,于平板上加一滴(100 ~ 200μL),然后用无菌涂布器涂布均匀,吹干后倒置培养。

(2)倾注法:即先接种,后倒置平板。用 1mL 无菌吸管吸取稀释液 1mL 放入无菌培养皿,再倒入已融化保温在 50℃左右的培养基约 20mL,迅速旋转培养皿使之混匀,冷凝平板。

5. 培养

接种完毕,将培养基倒置于 28℃条件下培养。

6. 结果

计数与计算:取出培养皿,从 2 个稀释度中选出生长好、菌落均匀的一组进行计数。要求计算出 3 个重复皿的菌落数。

7. 观察

观察培养皿上微生物菌落的形态特征。

▼ 实验报告

(1)计算出本次土壤微生物分离和计数过程中不同种类微生物的数量。

(2)根据培养皿上微生物菌落的形态特征,对微生物菌落进行初步分类和统计。

▼ 思考题

(1)稀释平板分离测数法的原理是什么?

(2)稀释平板分离测数法与血细胞计数板测数法相比,有什么优、缺点?

实验十九 水体中细菌的分离、计数及大肠菌群的检测

实验目的

(1)学习水体中细菌的分离、计数方法。

(2)学习和掌握不同水体中大肠菌群的检测方法,了解大肠菌群的存在和数量对饮水质量和人畜健康的重要意义。

实验原理

检测水质中的细菌数量是评价水质状况的重要指标之一。饮水是否符合卫生标准,需进行细菌总数及大肠菌群数量的测定。细菌总数指 1mL 水样在牛肉膏蛋白胨培养基上,于 37℃ 条件下经 24h 培养后所生长的细菌菌落总数。我国生活饮用水卫生标准中规定,细菌总数在 1mL 水中不得超过 100 个,大肠菌群数不得超过 3 个。

大肠菌群是以大肠埃希菌为主的需氧及兼性厌氧的革兰氏阴性无芽孢杆菌,包括埃希菌属、柠檬酸细菌属和肠细菌属等。大肠菌群能发酵乳糖产酸、产气,从而可与其他肠道菌相区别而易于检测。所以常将大肠菌群作为水源被粪便污染的指示菌。常用的检测法有多管发酵法和滤膜法。

实验材料及仪器设备

1. 实验材料

牛肉膏蛋白胨培养基、待检水样、乳糖蛋白胨培养基、单倍或三倍浓缩乳糖蛋白胨培养基、伊红美蓝培养基、品红亚硫酸钠培养基(远藤氏培养基)、乳糖蛋白胨半固体培养基。

2. 仪器设备和其他用品

无菌采水器、培养皿、指形管、抽滤瓶、灭菌滤器、滤膜、抽气设备、灭菌无齿镊子、染色及镜检用物、无菌吸管、涂布器等。

实验步骤

1. 采集水样

供检水样的采集须按无菌操作法要求进行,并保证在运送、贮存过程中不被污染。采样后应立即送检,不得超过 4h,否则应存于冰箱中,并在 24h 内进行检验。

2.细菌总数的测定

细菌总数的测定采用稀释平板倾注法进行。

（1）自来水：用无菌吸管吸取 1mL 水样，注入 3 个无菌培养皿中，将已融化并保温在 55℃ 左右的牛肉膏蛋白胨培养基倒入培养皿约 20mL，迅速摇动，充分混匀，待冷凝后，倒置于 37℃ 条件下培养 24h，进行菌落计数。同时做空白对照 1 个。

（2）天然水：按其污染程度进行适当稀释。以无菌操作法用无菌吸管吸取 10mL 充分混匀的水样，注入盛有 90mL 含玻璃珠的无菌水的三角瓶中，制成 10^{-1} 的稀释液。再吸取 10^{-1} 稀释液 1mL 加入 9mL 无菌水管中，得到 10^{-2} 稀释度，依次稀释得到 10^{-3}、10^{-4} 等，选取 3 个稀释度，按 3 次重复，以倾注法接种，于 37℃ 条件下培养 24h，进行菌落计数。

（3）结果检查：①平板菌落选择，计算相同稀释度的平均菌落数。如果平板上有较大片状菌落生长，则不采用该皿。②稀释度选择，一般情况下，应选择平均菌落数在 30 ～ 300 的平板进行计算。

3.水中大肠菌群的鉴定

（1）多管发酵法：适用于各种水样，但操作烦琐，需时较长。

此法根据大肠菌群所具有的发酵乳糖产酸、产气的特性，向含乳糖蛋白胨培养基中接种待检水样，经 3 个检验步骤后，根据发酵乳糖管数结果查最大概率数表，即可获得待检水样中大肠菌群总数。①初发酵实验。以无菌操作法在 5 支装有 5mL 三倍浓缩乳糖蛋白胨培养基发酵管中各加入待检水样 10mL，在 5 支装有 10mL 单倍浓缩乳糖蛋白胨培养基发酵管中加入被检水样 1mL，在另外 5 支装有 10mL 单倍浓缩乳糖蛋白胨培养基发酵管中各加入 10^{-1} 稀释液各 1mL，置 37℃ 条件下培养 24h。②平板分离。培养 24h 后如无变化，表明为阴性反应，以"－"记之。并从产酸（乳糖发酵液变黄色）、产气（试管底部有气泡）或仅产酸的乳糖蛋白胨培养基发酵管用接种环划线接种于伊红美蓝培养基或品红亚硫酸钠培养基上，于 37℃ 条件下培养 18 ～ 24h 后观察菌落特征。在伊红美蓝培养基上的菌落：深紫黑色，具有金属光泽的菌落；紫黑色，不带或略带金属光泽的菌落；淡紫红色，中心色较深的菌落。在品红亚硫酸钠培养基上的菌落：紫红色，具有金属光泽的菌落；深红色，不带或略带金属光泽的菌落；淡红色，中心色较深的菌落。③复发酵实验。挑取该菌落的另一部分接种于单倍浓缩乳糖蛋白胨培养基发酵液中，每管可接种分离自同一发酵管的典型菌落 1 ～ 3 个，于 37℃ 条件下培养 24h 后观察，如仍产酸、产气者，即证实有大肠菌群存在。

（2）滤膜法：①滤膜灭菌。将滤膜放于烧杯中，加入蒸馏水，置于沸水浴中煮沸灭菌 3 次，每次 15min，前 2 次煮沸后要换水洗涤，以除去残留物。②滤器灭菌。用点燃的乙醇棉球火焰灭菌，或高压蒸汽灭菌。③滤器安装。用无菌镊子夹取灭菌滤膜边缘处，使其毛面向上贴放于灭菌的滤器。④水样过滤。将 333mL 水样注入滤器滤膜上，加盖后在负

压 $0.5 \times 10^5 Pa$ 抽滤完后接种与培养。用无菌镊子夹取滤膜边缘,移贴于品红亚硫酸钠培养基上,滤膜与培养基之间不能有气泡,然后将平板倒置于 37℃ 条件下培养 16 ~ 18h。⑤结果观察。挑取符合大肠菌群典型特征的菌落进行染色。

实验报告

(1)根据实验结果,计算水体中的细菌总数是多少? 大肠菌群数是多少?

(2)对比不同水源的结果。

思考题

(1)为什么采样过程中需要进行无菌操作?

(2)判断大肠菌群的依据是什么?

实验二十 紫外线对微生物生长发育的影响

实验目的

(1)了解紫外线对微生物作用的原理。

(2)学习和掌握利用紫外线对微生物进行相关实验的方法,以及利用划线法进行微生物分离的实验过程。

实验原理

紫外线对微生物细胞具有强烈的致死作用。核糖核酸和脱氧核糖核酸吸收光谱的范围为 240 ~ 280nm,吸收峰在 260nm。通常认为紫外线能改变和破坏核酸结构,改变微生物细胞的遗传转录特性,使生物体丧失蛋白质转录和翻译的能力,其他的蛋白质吸收(苯基丙氨酸、色氨酸和酪氨酸中芳香环的吸收峰为 280nm)也可能对紫外线的杀菌过程发挥作用。波长 260nm 左右的紫外线杀菌力最强。其致死机制是短波的紫外线引起细胞蛋白质和核酸的光化学反应。但微生物对紫外线的吸收与剂量有关。剂量的高低是由紫外线灯的功率、照射距离与照射时间而定的。高剂量的紫外线照射会引起微生物细胞发生变异,因此紫外线在微生物的诱变育种和消毒灭菌中有重要意义。

紫外线穿透力很弱,普通玻璃、薄纸、水层等均能阻止其透过。故紫外线只限于为物体表面或接种室的空气灭菌。

经紫外线照射后的受损细胞遇光有光复活现象,微生物的光复活作用主要是通过光裂解酶在特定波长的光作用下实现的,反应过程遵循酶催化动力学原理。故处理后的接种物应避光培养。

实验材料及仪器设备

1.实验材料

培养 24~48h 的大肠杆菌、枯草芽孢杆菌、牛肉膏蛋白胨培养基、无菌水。

2.仪器设备和其他用品

接种环、紫外线灯、高压灭菌锅、培养箱、黑纸、培养皿等。

实验步骤

1.培养基制备

将已融化并冷却至50℃左右的牛肉膏蛋白胨培养基按无菌操作法倒入培养皿中,使其冷凝成平板。

2.接种

将培养好的大肠杆菌或枯草芽孢杆菌用划线法接种至上述培养基上。具体划线法见图 1-13。

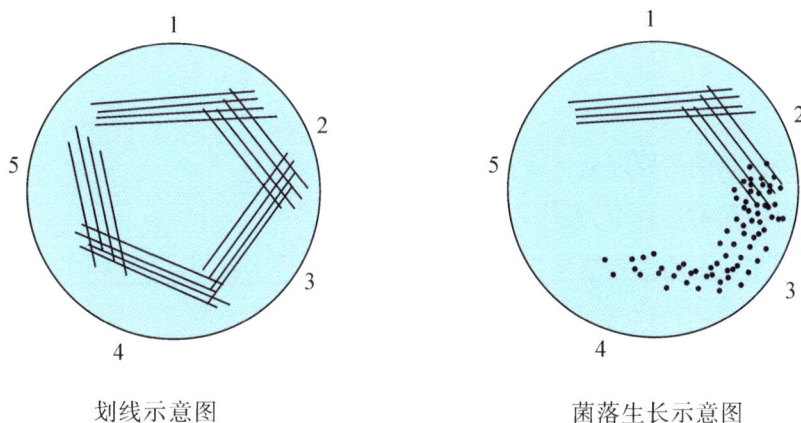

划线示意图   菌落生长示意图

图1-13　划线法接种细菌

正确划线后,菌落在 1 处和 2 处均为线性,2 处划线尾部出现菌落单克隆,

处划线部位均为单克隆,4 处划线初始区有部分单克隆,5 处没有单克隆长出。

在接种过程中,首先用接种环接种目标菌后,第一次划线于培养基上,如图 1-13 中所示 1 处。接种划线后,将接种环高温灭菌并晾凉后,划线于 2 处;再继续划线于 3 处,以此类推至划线接种于 5 处。每次划线均应从上一次划线尾部出发,划线至一定区域,抬起接种环,再从上一次划线尾部出发,划线至一定区域。

3. 紫外线处理

将紫外线灯箱打开预热 2 ~ 3min,将接种好的培养皿放置于紫外线灯箱内,分别做以下处理。

(1)在距离紫外线灯 30cm 处放置接种好的培养基,打开皿盖,标记为 A - 1、A - 2、A - 3,照射 10min。

(2)在距离紫外线灯 30cm 处放置接种好的培养基,盖上皿盖,标记为 B - 1、B - 2、B - 3,照射 10min。

(3)在距离紫外线灯 30cm 处放置接种好的培养基,打开皿盖,盖上黑纸,标记为 C - 1、C - 2、C - 3,照射 10min。

(4)在距离紫外线灯 30cm 处放置接种好的培养基,打开皿盖,标记为 D - 1、D - 2、D - 3,照射 10min,再立刻放置于日光灯下照射 30min。

(5)将培养皿放置日光灯下照射 30min,标记为 E - 1、E - 2、E - 3。

4. 观察结果

将以上所有培养皿放置于 28℃ 条件下培养 24h,观察培养皿的生长情况。

实验报告

记录并图示培养基上菌落的生长情况。

思考题

(1)紫外线杀菌的原理是什么?

(2)紫外线照射过程中,为什么要打开皿盖?

(3)请对划线法的实验结果与预期的实验结果进行比较,并说明原因。

实验二十一　化学试剂及抗生素对微生物生长发育的影响

实验目的

(1)了解常用化学试剂的杀菌和消毒作用,并掌握其浓度和使用方法。

(2)学习和掌握不同抗菌谱的抗生素对微生物生长发育的影响。

实验原理

常用的化学杀菌或消毒试剂包括有机溶剂(如酚、醇、醛等)、重金属盐、卤族元素及其化合物、染料和表面活性剂等。有机溶剂使蛋白质和核酸变性失活,破坏细胞膜;重金属盐可使蛋白质和核酸变性失活,或与细胞代谢产物螯合使之变为无效化合物;碘与蛋白质酪氨酸残基不可逆结合而使蛋白质失活;氯在水中与水分子作用产生强氧化剂使蛋白质氧化变性;低浓度染料可抑制细菌生长,革兰氏阳性菌比革兰氏阴性菌对染料更加敏感;表面活性剂可改变细胞膜透性,也能使蛋白质变性。因此,在实验室和生产过程中常用某些化学试剂进行杀菌或消毒。不同的试剂或同一试剂对不同微生物的杀菌能力不同。试剂浓度、作用时间及环境条件不同,其效果也不同。

不同抗生素的抗菌谱不同,了解某种抗生素的抗菌谱在临床治疗上有重要意义。利用滤纸条法可初步测定抗生素的抗菌谱。当纸条上的抗生素在培养基上向四周扩散后可形成抗生素由高到低的浓度,将不同实验菌株与滤纸条垂直划线接种,根据培养结果中抑菌带的长短可判断该抗生素对不同实验菌生长的影响程度,初步确定其抗菌谱。

实验材料及仪器设备

1. 实验材料

大肠杆菌、枯草芽孢杆菌、牛肉膏蛋白胨培养基、无菌水、生理盐水、去离子水、2.5% 碘酒、升汞、石炭酸、75% 乙醇、无水乙醇、1% 来苏尔、2.5g/L 新洁尔灭、0.05g/L 结晶紫、0.5g/L 结晶紫、5g/L 硝酸银(AgNO₃),5g/L 硫酸铜(CuSO₄)、50g/L 石炭酸、青霉素、卡纳抗生素、氨苄抗生素等。

2. 仪器设备和其他用品

酒精灯、接种环、镊子、涂布器、试管、三角瓶、滤纸条、电热箱、高压灭菌锅、无菌吸管、培养皿、培养箱等。

实验步骤

1. 化学试剂对微生物生长的影响

(1)配置培养基:将牛肉膏蛋白胨培养基融化后倒入培养皿,注意培养皿中培养基的厚度要均匀。

(2)制备菌悬液:取含无菌水的试管 2 支,用接种环分别取大肠杆菌、枯草芽孢杆菌,充分混匀,制成菌悬液。

(3)接种:用无菌吸管分别吸取已制好的菌悬液 0.1~0.2mL 接种于平板上,用涂布器涂布均匀。

（4）添加化学试剂：用无菌镊子夹取滤纸片，从生理盐水、去离子水、2.5% 碘酒、升汞、石炭酸、75% 乙醇、无水乙醇、1% 来苏尔、2.5g/L 新洁灭、0.05g/L 结晶紫、0.5g/L 结晶紫、5g/L AgNO$_3$、5g/L CuSO$_4$、50g/L 石炭酸溶液中选择 4 种，充分浸润后，拿出稍风干，平铺于同一含菌平板上，注意药剂之间勿互相沾染，于培养皿背面做好标记（图 1 – 14）。

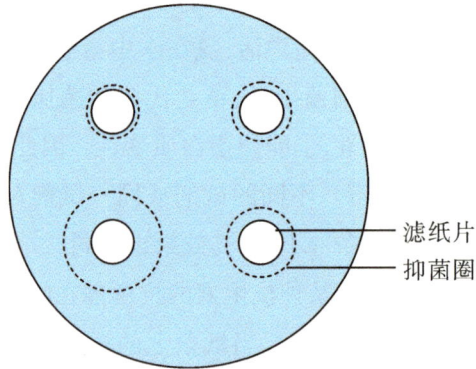

图 1 – 14　化学试剂抑菌实验

（5）培养：将培养皿置于 28℃ 条件下培养 48 ~ 72h。

（6）结果检查：取出培养皿观察。

2. 抗生素对微生物生长的影响

（1）配置培养基：将牛肉膏蛋白胨培养基融化后倒入培养皿，注意培养皿中培养基的厚度要均匀。

（2）贴滤纸条：用镊子将分别浸润青霉素、卡纳抗生素、氨苄抗生素的滤纸条沥去多余液体后贴至不同培养基上。

（3）接种：大肠杆菌和枯草芽孢杆菌，分别从滤纸条边缘垂直划线接种（图 1 – 15），并进行标记。接种时，两种菌保持一定距离，避免相互污染而导致结果出现假阳性。

（4）培养：将培养皿置于 28℃ 条件下培养 24h。

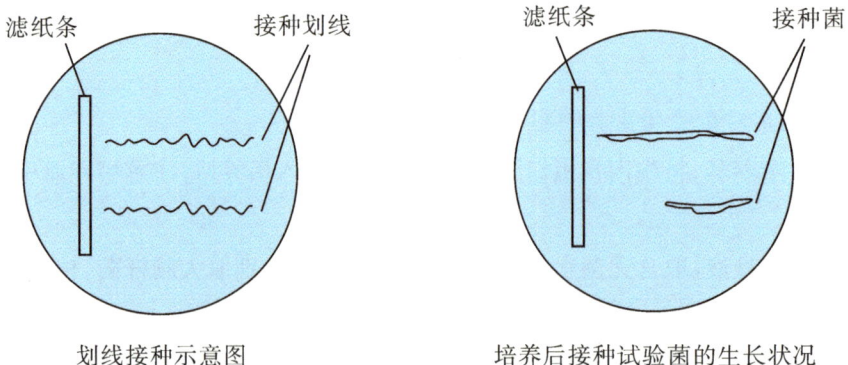

划线接种示意图　　　　　　培养后接种试验菌的生长状况

图 1 – 15　抗生素抗菌谱实验示意图

实验报告

（1）将结果以列表的形式呈现出来（表1-10），并比较各种化学试剂对微生物生长的影响。

表1-10　化学试剂对微生物生长的影响

化学试剂	大肠杆菌		枯草芽孢杆菌	
	是否出现抑菌圈	抑菌圈直径	是否出现抑菌圈	抑菌圈直径
生理盐水				
去离子水				
2.5%碘酒				
升汞				
石炭酸				
75%乙醇				
无水乙醇				
1%来苏尔				
2.5g/L新洁尔灭				
0.05g/L结晶紫				
0.5g/L结晶紫				
5g/L $AgNO_3$				
5g/L $CuSO_4$				
50g/L石炭酸				

（2）观察不同抗生素的抗菌谱，并绘制实验结果。

思考题

（1）出现不同化学试剂对微生物杀灭效能不同的原因是什么？

（2）比较不同抗生素抗菌谱的差异，并解释原因。

实验二十二　温度对微生物生长发育的影响

实验目的

（1）了解温度对微生物生长的影响。

（2）学习和掌握测定微生物最适生长温度的方法。

▼ 实验原理

温度对微生物细胞的大分子稳定性、酶活性、细胞膜流动性和完整性等都有重要影响。温度过高会导致蛋白质和核酸变性失活、细胞膜破坏等,温度过低会使酶的活性受抑制,新陈代谢速度变慢。因此,每种微生物的生长繁殖都需要一定的温度条件,每种微生物都有它的生长温度范围,都有最高温度、最低温度和最适温度。其中需要注意的是,微生物的最适生长温度不一定是微生物某些代谢产物产生时所需要的温度。因此,在进行微生物的培养过程中,要根据微生物的培养目的,确定其培养温度。

根据微生物的最适温度范围,可将微生物分为低温菌、中温菌和高温菌三类。低温菌可在 0～20℃生长,最适生长温度约为 15℃;中温菌可在 15～45℃生长,最适生长温度为 20～45℃;高温菌可在 45～85℃生长,通常最适生长温度为 55～65℃。除此以外,还有许多极端环境微生物,如生长在火山口附近的微生物,生长在南极冻土里的微生物等。大多数微生物都属于中温菌,故实验室常在 28～37℃条件下培养微生物。若要确定某种微生物的最适生长温度,应进行最适温度测定。

▼ 实验材料及仪器设备

1. 实验材料

培养 24～48h 的大肠杆菌、枯草芽孢杆菌、牛肉膏蛋白胨斜面培养基等。

2. 仪器设备和其他用品

接种环、酒精灯、培养箱、培养皿等。

▼ 实验步骤

1. 接种

取牛肉膏蛋白胨斜面培养基 16 支,用接种环按无菌操作法分别在斜面上划线接种大肠杆菌与枯草芽孢杆菌(勿划破培养基)各 8 支。

2. 培养

将已接种的斜面培养管分别放在 4℃、28℃、37℃和 50℃四种温度下培养。

3. 观察

于 48h、72h 后观察生长状况,确定其生长的最适温度。

▼ 实验报告

将观察结果填至表 1-11 中。

表 1-11　温度对微生物生长的影响

菌名	4℃		28℃		37℃		50℃	
	48h	72h	48h	72h	48h	72h	48h	72h
大肠杆菌								
枯草芽孢杆菌								

备注:"-"为不生长;"+"为生长较弱;"++"为生长良好;"+++"为生长最好。

思考题

(1)低温菌和高温菌常生存于哪些场所? 它们适宜的温度范围各是多少?

(2)你认为嗜热微生物能否在人体内存活?

实验二十三　渗透压对微生物生长发育的影响

实验目的

(1)了解渗透压对微生物生长发育的影响。

(2)学习和掌握测定渗透压的方法。

实验原理

微生物生长受其基质渗透压的影响,微生物细胞在等渗溶液中可正常生长,一般微生物细胞的渗透压为 3~6 个大气压。除嗜盐微生物外,一般微生物在高渗溶液中易发生质壁分离而失水,使生长受到抑制;在低渗溶液内又易吸水膨胀,因为大多数微生物具有较为坚韧的细胞壁,细胞一般不会裂解,可以正常生长,但低渗溶液中溶质含量低,在某些情况下也会影响微生物的生长。因此,适宜的渗透压是微生物正常生长发育的必要条件。

不同类型微生物对渗透压变化的适应能力不尽相同,大多数微生物在 5~30g/L NaCl 条件下可正常生长,在 100~150g/L NaCl 条件下生长会受到抑制,但某些极端嗜盐菌可在 300g/L 以上 NaCl 条件下正常生长。在细菌鉴定中,常以耐盐性实验作为其特征之一。

实验材料及仪器设备

1. 实验材料

大肠杆菌、枯草芽孢杆菌、嗜盐菌、牛肉膏蛋白胨培养基、NaCl 等。

2. 仪器设备和其他用品

电热干燥箱、高压灭菌锅、培养皿、标记笔、试管、接种环、酒精灯等。

实验步骤

1. 培养基的配置

每组配制含 NaCl 5g/L、50g/L、100g/L、200g/L 的牛肉膏蛋白胨培养基各 80mL，分装于 24 支试管中，每管 5mL，灭菌后制备成斜面培养基备用。

2. 菌悬液的制备

将供试菌分别编号，按无菌操作法从供试菌斜面上取菌体少许，接种于编号相同的含无菌水的试管中制成菌悬液待用。

3. 接种、培养

取含不同 NaCl 浓度的牛肉膏蛋白胨斜面培养基，以划线法于斜面上接种各种菌悬液，重复 2 管；做好标记，置 28℃ 条件下培养。于 2～3d 后检查。

实验报告

将观察结果填至表 1－12 中。

表 1－12　氯化钠对微生物生长发育的影响

菌名	5g/L NaCl	50g/L NaCl	100g/L NaCl	200g/L NaCl
大肠杆菌				
枯草芽孢杆菌				
嗜盐菌				

备注："－"为不生长；"＋"为生长较弱；"＋＋"为生长良好；"＋＋＋"为生长最好。

思考题

（1）渗透压影响微生物生长发育的机制是什么？

（2）列举几个在日常生活中人们利用渗透压抑制微生物生长的例子。

实验二十四　氧对微生物生长发育的影响

实验目的

（1）了解微生物与氧的关系。

（2）学习和掌握实验室常用的测定氧对微生物生长发育影响的方法及半固体培养基的配制方法。

实验原理

根据微生物与氧的关系，可以将微生物分为好氧型微生物、厌氧型微生物及兼性微生物。需氧性测定是进行微生物菌种分类鉴定的必做实验项目。一般情况下，实验室常采用深层琼脂培养法测定氧对微生物生长发育的影响。

实验材料及仪器设备

1. 实验材料

根瘤菌、大肠杆菌、巴氏芽孢梭菌、牛肉膏蛋白胨培养基（半固体培养基）等。

2. 仪器设备和其他用品

吸管、高压灭菌锅、超净工作台、培养皿、接种环等。

实验步骤

（1）按表1－13的配方进行牛肉膏蛋白胨半固体培养基的配制。

表1－13　牛肉膏蛋白胨半固体培养基

培养基成分	1000mL 加入量
牛肉膏	3g
蛋白胨	10g
NaCl	5g
琼脂	10g

注：牛肉膏、蛋白胨、NaCl 完全溶解后，用 1mol/L 或 5mol/L 的 NaOH 调节 pH 值至 7.2～7.8 后定容。

（2）待培养基灭菌后倒入试管中，并在50℃保温。

（3）用接种环接种根瘤菌、大肠杆菌、巴氏芽孢梭菌于无菌水中，制备菌悬液。

(4)将100μL的菌悬液接种于保温在50℃的培养基中,并放置在28℃的条件下培养3d。

(5)观察每种菌的生长情况。

实验报告

将观察结果填至表1-14中。

表1-14　氧对微生物生长发育的影响

项目	根瘤菌	大肠杆菌	巴氏芽孢梭菌
生长状况			
呼吸类型			

思考题

分析以上3种微生物与氧的关系。

实验二十五　微生物之间的拮抗作用

实验目的

(1)了解微生物拮抗的基本概念。

(2)学习和掌握拮抗作用的实验方法,观察微生物间的拮抗现象及抗生素的抗菌作用。

实验原理

拮抗,是一种物质(或过程)被另一种物质(或过程)所阻抑的现象,包括微生物与微生物间、代谢物间或药物间的拮抗作用。拮抗作用是微生物之间普遍存在的一种相互关系。在拮抗过程中,其中一种微生物产生特异性代谢产物,对另外一种微生物具有抑制或杀灭的作用。这类能够产生抑制或杀灭其他微生物的物质为抗生菌,这种特异性代谢产物被称为抗生素。衡量抗生菌或抗生素抗菌作用的强弱,常以其对某些微生物产生拮抗作用所形成的抑菌圈的大小来表示。

实验材料及仪器设备

1. 实验材料

青霉菌、放线菌、棉立枯病菌、枯草芽孢杆菌、大肠杆菌、2°波林麦芽汁培养基、马铃薯葡萄糖培养基、牛肉膏蛋白胨培养基、青霉素、链霉素、磷酸缓冲液等。

2. 仪器设备和其他用品

培养皿、试管、吸管、打孔器、镊子、解剖针、接种环、接种针、滤纸片、培养箱、标记笔、直尺等。

实验步骤

1. 微生物间的拮抗实验

(1)抑菌圈法:①放线菌对棉立枯病菌的拮抗实验,是将棉立枯病菌菌块接种于马铃薯葡萄糖培养基平板中心,取放线菌菌块 3 或 4 块均匀放置于棉立枯病菌周围,然后将培养皿于 28℃条件下正置 4~6h,再于 28℃条件下倒置培养 4d。观察实验结果,并测定抑菌圈直径(图 1-16)。②青霉菌对大肠杆菌的抑菌效应,是将大肠杆菌接种于灭菌后保温在 50℃的牛肉膏蛋白胨培养基中,待培养基凝固后,将青霉菌菌块接种于培养基上,将培养皿置低温(10℃以下)保持 12~14h,使菌块中的抗生素扩散后,然后将培养皿倒置于 28℃条件下培养 3~4d,观察青霉菌对大肠杆菌的拮抗现象。

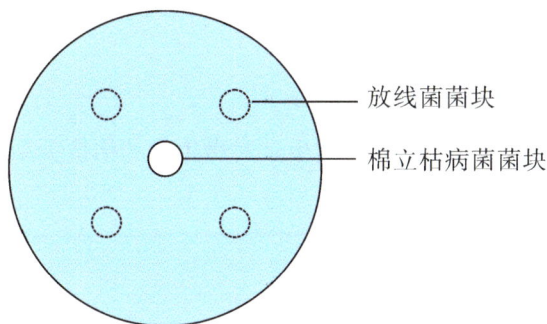

图 1-16 抑菌圈法示意图

(2)平板划线法:①细菌悬液的准备,是用接种环按无菌操作法分别制备枯草芽孢杆菌、大肠杆菌的菌悬液备用。②制作平板并接种青霉菌,是将青霉菌从青霉菌培养基上切成细条,铺在凝固好的牛肉膏蛋白胨培养基靠边一侧。③接种,是用接种环分别取已制好的菌悬液,于平板上划一条直线,划线方向与青霉菌菌苔垂直,各线条之间保持一定距离,于培养皿底做好各菌的标记。将培养皿置于低温(10℃以下)保持 12~14h,然后倒置于 28℃条件下培养 3~4d,观察青霉菌对测试菌的影响(图 1-17)。

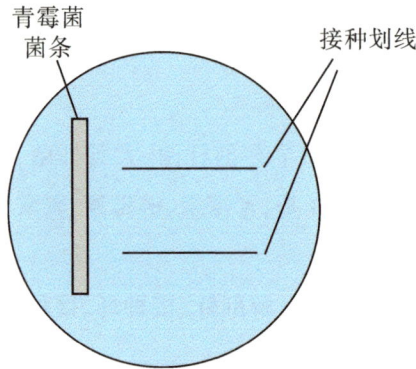

青霉菌菌条

接种划线

图 1－17　琼脂平板划线法示意图

2. 抗生素的抑菌实验（滤纸片法）

（1）抗生素标准液的配制：精确称取青霉素、链霉素已知含量的标准品，以磷酸缓冲液配制成 10 单位、50 单位、100 单位、1000 单位的溶液放入培养皿中，将灭过菌的滤纸片分别浸入各浓度的抗生素中。

（2）制含菌平板：将枯草芽孢杆菌、大肠杆菌接种于灭菌后保温在 50℃的培养基中，混合均匀倒平板。

（3）加抗生素：用无菌镊子由低浓度向高浓度的顺序分别夹取浸抗生素的滤纸片（控净药液并稍晾干），放在含菌平板的不同位置上，做好标记。

（4）培养：将培养皿倒置于 28℃条件下培养 24～48h 后，观察结果。

（5）结果检查：取出培养皿，观察抗生素对实验菌的抑菌作用，并测量抑菌圈的大小。

实验报告

记录实验结果，分析微生物之间和抗生素对微生物的拮抗关系。

思考题

（1）什么是拮抗作用？请举例说明。

（2）在实际生产生活中，拮抗作用主要应用到了哪些地方？

实验二十六　微生物的糖发酵实验

实验目的

（1）了解糖发酵的基本概念。

（2）学习和掌握实验室常用的鉴别微生物的实验方法。

实验原理

糖类是化能有机营养型微生物良好的碳源与能源。不同微生物的酶系不同，对糖类的分解性能和终产物有所不同，这一生理属性是细菌分类鉴定工作中的重要依据之一。绝大多数细菌都能利用糖类作为碳源，但是它们在分解糖类物质的能力上有很大的差异，有些细菌能分解某种糖产生有机酸（如乳酸、醋酸、丙酸等）和气体（如氢气、甲烷、二氧化碳等），而有些细菌只产酸不产气。

酸的产生可在糖发酵培养液中加指示剂溴甲酚紫（pH值在6.8以上时呈紫色，pH值在5.2以下时呈黄色）进行检验。气体的产生，可从德汉氏小管中是否有气泡来判断（图1-18）。

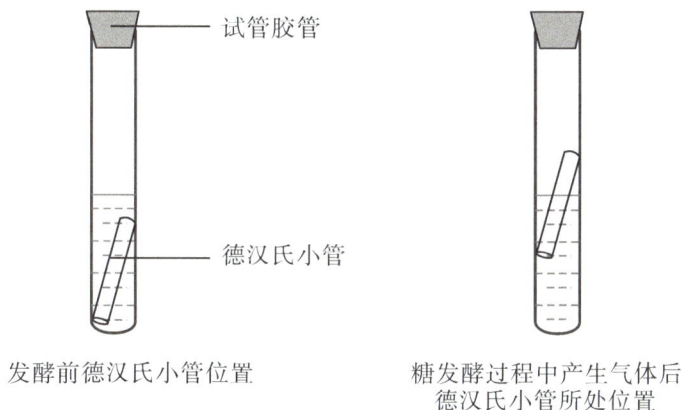

发酵前德汉氏小管位置　　　　糖发酵过程中产生气体后
　　　　　　　　　　　　　　德汉氏小管所处位置

图1-18　糖发酵实验

实验材料及仪器设备

1. 实验材料

大肠杆菌、枯草芽孢杆菌、糖发酵培养基等。

2. 仪器设备和其他用品

试管架、接种环、培养皿、德汉氏小管、试管等。

实验步骤

（1）将液体糖发酵培养基配制好，灭菌后分装于试管中。用无菌镊子将灭菌后的德汉氏小管装入分装后的试管中，注意德汉氏小管开口端朝下，封口端朝上。

（2）分别接种大肠杆菌和枯草芽孢杆菌于培养基中，并取一培养基作为空白对照，同在28℃条件下培养24h、48h、72h，观察试管中液体颜色变化，以及德汉氏小管中是否有气泡产生。

（3）结果检查,定期观察,做好记录。

◤ 实验报告

将实验结果填入表1-15。

表1-15 微生物糖发酵的实验结果

细菌	实验结果	24h	48h	72h
大肠杆菌	产酸			
	产气			
枯草芽孢杆菌	产酸			
	产气			
对照	产酸			
	产气			

注:"+"代表产酸或产气,"-"代表不产酸或不产气。

◤ 思考题

（1）本实验中产生的酸性物质和气体可能是什么?

（2）分析和比较实验结果中两种细菌对糖类的利用有何异同?

实验二十七 微生物的乙醇发酵实验

◤ 实验目的

（1）了解乙醇发酵的基本概念。

（2）学习和掌握实验室常用乙醇发酵的实验方法。

◤ 实验原理

乙醇发酵是在无氧条件下,微生物(如酵母菌)分解葡萄糖等有机物,产生乙醇、二氧化碳等不彻底氧化产物,同时释放出少量能量的过程。这一过程是由兼性厌氧酵母菌细胞中的乙醇发酵酶系统进行无氧呼吸产生乙醇的。该原理是工业生产乙醇及酿造酒类饮料的基础。

实验材料及仪器设备

1. 实验材料

乙醇发酵液、啤酒酵母菌、鲁氏碘液等。

2. 仪器设备和其他用品

酒精灯、显微镜、棉塞、发酵管、接种环、培养箱、染色及镜检用物等。

实验步骤

1. 发酵液准备

取灭菌发酵管,无菌倒入灭菌的乙醇发酵液,使发酵液充满管部并赶走气泡,液量加至下端球部,塞好棉塞。

2. 接种

用接种环接种啤酒酵母菌,接种时,尽量使酵母菌细胞分散开来。

3. 培养

将发酵管置于28℃条件下培养24～48h。

4. 观察

打开棉塞后,可鼻嗅有无酒香气味产生。取出发酵液制片后,观察酵母菌形态及出芽生殖状况。

实验报告

将观察到的实验结果记录到报告纸上。

思考题

(1)酵母菌的呼吸特点是什么?

(2)了解乙醇发酵的实际意义是什么?

实验二十八　微生物的乳酸发酵实验

实验目的

(1)了解乳酸发酵的基本概念。

（2）学习和掌握实验室常用乳酸发酵的方法。

实验原理

乳酸发酵,指糖经无氧酵解而生成乳酸的发酵过程,其与乙醇发酵同为生物体内的两种主要的发酵形式。引起乳酸发酵的微生物种类很多,在实践中已经应用的有乳酸链球菌、乳酸杆菌等。

在传统食品的酿造生产中,大都不同程度地存在乳酸发酵过程,这样可以使环境 pH 值降低,从而抑制杂菌污染。乳酸发酵对增进酿造调味品风味有一定帮助,不仅如此,酿酒中适当进行乳酸发酵,还能促进乙醇发酵顺利进行。

实验材料及仪器设备

1. 实验材料

甜菜、甘蓝等含糖量高的蔬菜,食盐,10% 硫酸,20g/L 高锰酸钾溶液,含氨的硝酸银溶液,革兰氏染色液等。

2. 仪器设备和其他用品

发酵栓、三角瓶、量筒、吸管、小刀、菜板、pH 试纸、显微镜等。

实验步骤

1. 发酵装置

量取自来水 100mL,称取食盐 6～8g,放入 150mL 三角瓶中,将甜菜、甘蓝等蔬菜洗净、切块,投入三角瓶中约至瓶高 2/3 处,摇匀后,用 pH 试纸测试溶液 pH 值并记录。于三角瓶口加发酵栓塞紧,发酵栓侧管盛水至淹没内层小管口,以隔绝空气,创造厌氧环境。

2. 保温培养

将发酵的三角瓶置于 28℃条件下培养 1 周后,检查发酵结果。

3. 结果检查

（1）发酵液酸度检查:打开发酵栓,先鼻嗅瓶内有无酸味散出,再以 pH 试纸测定 pH 值并记录。

（2）乳酸定性检查:①高锰酸钾反应法,取发酵液 10mL 放入试管中,加 10% 硫酸 1mL,煮沸后再加入 20g/L 高锰酸钾溶液数滴,取滤纸一条在含氨的硝酸银溶液中浸湿后盖住管口,继续加热使有气体产生。若滤纸变黑,即证明有乳酸生成。②镜检,取发酵液涂片后进行染色,镜检观察,主要观察乳酸菌的形态。

实验报告

（1）记录本次实验发酵液酸碱性的变化。

（2）图示镜检的乳酸菌的形态特征。

思考题

（1）在乳酸菌的发酵过程中，为什么不进行纯种发酵过程？

（2）泡菜的制作原理和关键步骤是什么？

实验二十九　淀粉水解实验

实验目的

（1）了解淀粉水解的实验原理。

（2）学习和掌握实验室常用淀粉水解的实验方法，具备检测细菌是否具有淀粉水解的能力。

实验原理

许多细菌能够产生淀粉酶，水解培养基中含有的淀粉，并将其转变为糊精、麦芽糖、葡萄糖。淀粉的水解过程：先生成分子量较小的糊精（淀粉不完全水解的产物），糊精继续水解生成麦芽糖，最终水解产物是葡萄糖。淀粉水解反应方程式为：$(C_6H_{10}O_5)n + (n)H_2O \rightarrow nC_6H_{12}O_6$。

淀粉遇碘变蓝，水解后不再变蓝色，因此可以用来鉴定某种细菌是否具有水解淀粉的能力。

实验材料及仪器设备

1. 实验材料

大肠杆菌、枯草芽孢杆菌、高氏一号培养基、鲁氏碘液等。

2. 仪器设备和其他用品

培养皿、高压灭菌锅、超净工作台、接种环、标记笔、培养箱等。

实验步骤

1.配制培养基

按照本书第二部分中"高氏一号培养基"配方进行培养基的配制及倒平板。

2.接种

在晾干凝固的培养基背面划线平分培养基,并分别标记为 A、B。大肠杆菌及枯草芽孢杆菌以划线法在同一培养皿上进行接种。具体接种方法见图 1 – 19。接种后将培养皿倒置于 28℃ 条件下培养 48 ~72h。

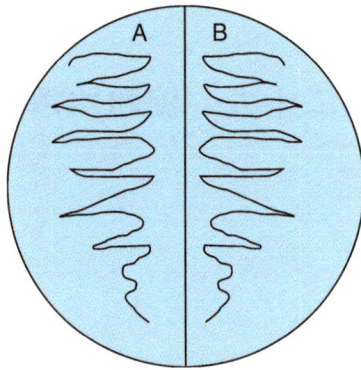

图 1 – 19　淀粉水解实验中划线法接种菌种示意图

A 部分为大肠杆菌,B 部分为枯草芽孢杆菌。

3.检查

待培养结束后,在平板上滴加鲁氏碘液,使其均匀分布且铺满全培养皿为止。如果菌落周围出现无色透明边际,说明淀粉已被水解。

实验报告

描述本次实验过程中两种菌是否具有淀粉水解能力。

思考题

(1)淀粉水解的原理是什么?

(2)本实验为何选用高氏一号培养基,能否选用牛肉膏蛋白胨培养基?

实验三十 细菌质粒 DNA 的提取

实验目的

（1）了解质粒 DNA 的基本概念、主要用途。

（2）学习和掌握实验室常用质粒小提的原理、技术和实验方法。

实验原理

质粒是一种染色体外的稳定遗传因子，大小在 1～200kb，是具有闭合环状结构的 DNA 分子。质粒具有自主复制和转录能力，能使子代细胞保持其一定的拷贝数，可表达它携带的遗传信息。它可独立游离在细胞质内，也可以整合到细菌基因组中。它离开宿主的细胞就不能存活。根据质粒分子生物学特性而构建的一系列克隆表达载体更是现代分子生物学发展、改良生物品种和获得基因工程产品不可少的分子载体，发展十分迅速。

所有分离质粒 DNA 的方法都包括 3 个基本步骤：培养细菌使质粒扩增，收集和裂解细菌，分离和纯化质粒 DNA。在 pH 值为 12～12.6 的碱性环境中，线型染色体 DNA 和环型质粒 DNA 氢键均发生断裂，双链解开而变性。但质粒 DNA 由于其闭合环状结构，氢键只发生部分断裂，而且其两条互补链不会完全分离，当将 pH 调至中性并在高盐浓度存在的条件下，已分开的染色体 DNA 互补链不能复性而交联形成不溶性网状结构，通过离心大部分染色体 DNA、不稳定的大分子 RNA 和蛋白质 - 十二烷基硫酸钠（SDS）复合物等一起沉淀下来而被除去。而部分变性的闭合环型质粒 DNA 在中性条件下很快复性，恢复到原来的构型，呈可溶状态保存在溶液中，离心后的上清液中便含有所需要的质粒 DNA，再通过用酚/氯仿抽提及乙醇沉淀等步骤而获得纯的质粒 DNA。

实验材料及仪器设备

1. 实验材料

含有 pUC19（Amp$^+$）的大肠杆菌菌株、含氨苄西林（Amp）的 Luric - Bertani（LB）液体和固体培养基、pH 值 8 的 TE 缓冲液（表 1 - 16）、pH 值 4.8 的乙酸钾溶液（表 1 - 17）、酚/氯仿等。

表 1-16　pH 值 8 的 TE 缓冲液配方

pH 值 8 的 TE 缓冲液	终浓度
葡萄糖	50mmol/L
乙二胺四乙酸(EDTA)	10mmol/L
三羟甲基氨基甲烷盐酸盐(Tris-HCl)	25mmol/L

表 1-17　pH 值 4.8 的乙酸钾溶液配方

pH 值 4.8 的乙酸钾溶液	100mL 加入量
5mol/L 乙酸钾	60mL
冰醋酸	11.5mL
双重去离子水(ddH₂O)	28.5mL

2. 仪器设备和其他用品

离心机、移液器、试管架等。

实验步骤

（1）活化菌种,将含有 pUC19 的大肠杆菌菌株接种在 LB 液体培养基中,37℃条件下培养 24~48h。

（2）取液体培养液 1.5mL 置于离心管中,在转速 12000 转/分条件下,离心 1min,去掉上清液。加入 50μL pH 值 8 的 TE 缓冲液充分混匀,在室温下放置 10min。

（3）加入 200μL 0.2mol/L NaOH(内含 1% SDS),颠倒混匀后,冰上放置 5min。

（4）加入 150μL 冰浴乙酸钾溶液,颠倒混匀后,冰上放置 15min。

（5）在 12000 转/分条件下离心 5min,取上清液倒入另一离心管中。如果上清液经离心后仍混浊,应混匀后再冷却至 0℃并重新离心。

（6）向上清液中加入等体积酚/氯仿,振荡混匀,12000 转/分条件下离心 2min,取上清液转移至新的离心管中。

（7）向上清液中加入 2 倍体积的无水乙醇,混匀,室温放置 30min 以上,离心 5min,去掉上清液,室温风干离心管。将离心管倒扣在吸水纸上,吸干液体。

（8）加 0.5mL 70% 乙醇,振荡并离心,倒去上清液,真空抽干或室温自然干燥后加入 30μL 含有核糖核酸(RNA)酶 A 的超纯水,于 -20℃下保存。

实验报告

（1）总结此次实验过程中的技术要点,并列举试剂的作用原理。

（2）最后一步为什么要加含 RNA 酶的超纯水? 添加其他试剂可以吗? 为什么?

思考题

（1）如何区分质粒 DNA 与基因组 DNA？

（2）如何进行 DNA 质量检测？

（3）如果实验过程采用试剂盒提取的方法，请思考试剂盒中每种试剂的作用。

实验三十一　质粒 DNA 的转化

实验目的

（1）了解质粒 DNA 转化的基本概念及其主要用途。

（2）学习和掌握实验室常用质粒转化的原理、技术和实验方法。

实验原理

转化是某一基因型的细胞从周围介质中吸收来自另一基因型的细胞的遗传物质，而使它的基因型和表现型发生相应变化的现象。提供转化所需的遗传物质的细胞称为供体，接收转化而来的遗传物质的细胞称为受体。作为转化的受体细胞，必须处在能接受外源遗传物质的生理状态期——感受态，才能出现转化子。细菌遗传转化的发现，提供了一种进行遗传学分析的手段和定向育种的可能。转化实验常用的有两种转化方法，一种转化方法是氯化钙转化法，另外一种为电击法。

转化该过程的关键是受体细胞的遗传学特性及其生理状态。一般情况下，用于转化的受体细胞为带有标记的变异株，且变异株处于感受态细胞的状态。细胞能够从周围环境中摄取 DNA 分子，并且不易被细胞内的限制性核酸内切酶分解时所处的一种特殊生理状态称为感受态。人工感受态的形成需要低温和钙离子的处理，这样可能破坏了细胞膜上的脂质阵列，Ca^{2+} 与膜上的多聚羟基丁酸化合物、多聚无机磷酸形成复合物有利于外源遗传物质的渗入，外部理化因素促进了感受态的形成。大肠杆菌是常用的受体细胞，一般都是通过氯化钙在低温情况下处理形成的。

实验材料及仪器设备

1. 实验材料

大肠杆菌、含有 pUC19（Amp⁺）的质粒 DNA（由本书实验三十中制备所得）、LB 固体和液体培养基、氯化钙溶液、甘油、液氮等。

2. 仪器设备和其他用品

分光光度计、离心机、电击杯、电击仪、培养皿、离心管、超低温冰箱、培养箱、接种环、三角瓶、摇床等。

实验步骤

1. 感受态的制备

(1)将在 -80℃ 冰箱保存的大肠杆菌感受态细胞在 LB 培养基平板上划线,37℃ 条件下培养 16～20h。

(2)在划线平板上挑取一个单菌落,再重新划线到新的培养基上,37℃ 条件下培养 16～20h。连续划线 3 次,保证每次培养基上的细菌菌落形态正常、无污染。

(3)在第三次划线平板上挑取一个单菌落接种于盛有 20mL 灭菌 LB 液体培养基的 250mL 三角瓶中,37℃ 条件下振荡培养 16h。

(4)以 1:50 的比例,将(3)中的菌液接种至装有 200mL 灭菌 LB 液体培养基的 1L 三角瓶中 37℃ 条件下振荡培养。待培养到细胞的吸光度(OD 值)为 0.5～0.6 时停止培养。此时,大肠杆菌细胞处于对数生长期。

(5)将培养物于冰浴中放置 10min,然后转移到 2 个 100mL 预冷的无菌离心管中,4000 转/分、4℃ 条件下离心 10min。

(6)弃去上清液,倒置离心管 1min,流尽剩余液体后,置冰浴 10min。

(7)分别向两管加入 10mL 用冰预冷的 0.1mol/L $CaCl_2$ 溶液,在冰上悬浮细胞,置冰浴中 20min。

(8)4000 转/分、4℃ 条件下离心 10min 回收菌体,弃上清液。再分别向两管各加入 5mL 冰浴的 0.1mol/L $CaCl_2$ 溶液,重新悬浮细胞。

(9)按每份 100μL 分装细胞于无菌离心管中,等体积加入 50% 的无菌甘油,盖上管盖后,迅速置于液氮中,待在液氮中完全冷却后,置于 -80℃(超低温冰箱)贮存备用。

2. 转化(本实验采用电击转化法)

(1)加 1μL 约含 0.5μg 自制的含有 pUC19 质粒 DNA 到上述制备的总体积为 200μL 感受态细胞(上步制作储存备用的感受态细胞)中,用移液器吹吸混合均匀。

(2)将上述混合感受态细胞加入新开封的电击杯中,加入时保证电击杯中无空气进入。

(3)将电击杯放入电击仪中,电击后迅速将电击后的液体转移至冰浴的 LB 液体培养基中,在 37℃ 条件下以 150 转/分的转速震荡培养 1h。

(4)将培养后的感受态细胞均匀涂布于带抗生素的培养基上,37℃ 条件下培养 14～

18h。同时设 3 组对照：①不加质粒 DNA；②不加受体；③加已知具有转化活性的质粒 DNA。

（5）如果在带抗生素的培养基上长出单克隆菌落说明转化成功。

实验报告

记录并比对本次实验结果。

思考题

（1）如果加了质粒 DNA 的培养基平板长不出来菌落，可能是什么原因？

（2）为什么在电击时要保证电击杯里不能有空气泡？

（3）为什么选择带抗生素的培养基进行转化后细菌单克隆筛选？

（4）制备感受态细胞为什么全程都要在低温条件下进行？

（5）两次相同质粒 DNA 和感受态细胞的电击能否用同一电击杯？为什么？

实验三十二　细菌基因组 DNA 的提取

实验目的

（1）了解常用细菌 DNA 提取的实验原理和常用方法。

（2）学习和掌握实验室常用细菌基因组 DNA 提取的实验操作方法和使用范围。

实验原理

细菌基因组的大小一般为 1～5Mb。制备高纯度的细菌基因组 DNA 是进行细菌基因组分析、基因克隆和遗传转化研究等的基础。细菌基因组总 DNA 制备方法很多，但都包括两个主要步骤，先裂解细胞，再采用化学或酶学方法除去样品中的蛋白质、RNA、多糖等大分子。

细菌具有坚韧的细胞壁，可利用十二烷基硫酸钠或溶菌酶破壁，使细胞壁裂解放出核酸与蛋白质。同时十二烷基硫酸钠还可抑制脱氧核糖核酸酶，并使一部分蛋白质变性。溶菌后得到的高黏度悬液在盐酸盐存在下，以氯仿 - 异戊醇作为蛋白质变性剂进行蛋白质变性，然后用乙醇沉淀 DNA。这样提取的 DNA，虽然依然含有少量的蛋白质，但能够有效地进行后续实验。同时，为了防止 DNA 酶对 DNA 的降解，在提取过程中需要用

EDTA 或柠檬酸钠除去金属离子并抑制 DNA 酶的活力。

实验材料及仪器设备

1. 实验材料

大肠杆菌、TE 缓冲液、SDS 溶液、蛋白酶 K、十六烷基三甲基溴化铵（CTAB）、酚 – 氯仿 – 异戊醇混合液（酚∶氯仿∶异戊醇 = 25∶24∶1）、氯仿 – 异戊醇（氯仿∶异戊醇 = 24∶1）、无水乙醇、70% 乙醇、乙酸钠溶液、NaCl 溶液、柠檬酸钠溶液、异丙醇等。

2. 仪器设备和其他用品

冷冻离心机、恒温水浴、移液器、灭菌离心管、摇床、枪头、冰箱、旋涡振荡器等。

实验步骤

（1）接种大肠杆菌单菌落于装有 5mL 灭菌牛肉膏蛋白胨培养基的试管中，37℃ 条件下 220 转/分振荡培养 14～18h。

（2）将振荡培养后的培养液转入无菌的 1.5mL 微量离心管中，在 12000 转/分转速下离心 1min 后收集菌体，弃上清液，保留细胞沉淀。

（3）在离心管中加入 500μL TE 缓冲液，在旋涡振荡器上强烈振荡重新悬浮细胞沉淀，再向离心管中加入 30μL SDS 溶液和 2μL 蛋白酶 K，混匀后 37℃ 条件下水浴 30min 以上。在水浴过程中上下翻转离心管，保证离心管中每部分溶液都浸润在水浴中。

（4）加入 650μL CTAB 或 NaCl 溶液，充分混匀后，在 65℃ 条件下水浴 10min。

（5）加入等体积的酚 – 氯仿 – 异戊醇混合液，盖紧管盖，轻柔地反复翻转离心管，充分混匀，使两相完全混合后，冰浴 10min。

（6）再 12000 转/分离心 10min，小心吸取上层水相转移至另一灭菌的 1.5mL 微量离心管中。重复（5）（6）至界面无白色沉淀。

（7）加入等体积的氯仿 – 异戊醇，混匀，12000 转/分离心 5min，小心吸取上层水相转移至另一干净的 1.5mL 微量离心管中。

（8）加入 1/10 体积的乙酸钠溶液，混匀；再加入 0.6～1 倍体积的异丙醇或 2 倍体积的无水乙醇，混匀，这时可以看见溶液中有絮状的 DNA 沉淀出现。再于 –20℃ 条件下冷冻 10min 以上。

（9）将冷冻后离心管拿出，在 12000 转/分转速下离心 10min，弃去上清清，可见 DNA 沉淀附着于离心管壁上，向离心管中加 450μL 冰浴的 70% 乙醇，盖紧管盖后来回颠倒离心管。

（10）重复（9）一次。

(11)倒掉离心管中的乙醇,风干乙醇。加 50 ~ 100μL TE 缓冲液溶解 DNA 沉淀,混匀后放 -20℃ 条件下冷冻备用。

▲ 实验报告

细菌基因组 DNA 的提取要点是什么?

▲ 思考题

(1)DNA 提取最后一步还需要加 RNA 酶吗? 为什么?

(2)DNA 提取最后一步可以加超纯水吗? 为什么?

(3)DNA 提取后如何判断 DNA 提取的质量?

(4)如果实验过程采用试剂盒提取,请问试剂盒中每种试剂的作用是什么?

实验三十三　细菌 16S rDNA 的扩增

▲ 实验目的

(1)了解聚合酶链反应(polymerase chain reaction,PCR)的基本概念。

(2)学习和掌握实验室常用微生物 DNA 分子鉴定的方法与技术。

▲ 实验原理

聚合酶链反应是一种用于放大扩增特定的 DNA 片段的分子生物学技术,它可看作是生物体外的特殊 DNA 复制过程,这一过程的最大特点是能将微量的 DNA 大幅增加。因此,只要能分离出微量的 DNA 片段,就能用 PCR 技术加以放大,进行利用。这也是"微量证据"的威力之所在。该反应于 1983 年由美国科学家 Mullis 首先提出设想,1985 年由其发明了聚合酶链反应,即简易 DNA 扩增法,这意味着 PCR 技术的真正诞生。1976 年,我国科学家钱嘉韵发现了稳定的 Taq DNA 聚合酶,为 PCR 技术发展做出了基础性贡献。该技术发展到现在,已被广泛应用到了不同学科、不同行业中。

PCR 的具体实施过程如下。①模板 DNA 的变性:模板 DNA 经加热至 94℃ 左右一定时间后,模板 DNA 双链或经 PCR 扩增形成的双链 DNA 解离,使之成为单链,以便它与引物结合,为下轮反应做准备。②模板 DNA 与引物的退火(复性):模板 DNA 经加热变性成单链后,温度降至 55℃ 左右,引物与模板 DNA 单链的互补序列配对结合。③引物的延伸:DNA 模板－引物结合物在 72℃、DNA 聚合酶(如 Taq DNA 聚合酶)的作用下,以脱氧核苷三磷酸(dNTP)为反应原料、靶序列为模板,按碱基互补配对与半保留复制原理,合成一条新的与模板 DNA 链互补的半保留复制链,重复循环变性—退火—延伸过程就可获得更多的"半保留复制链",而且这种新链又可成为下次循环的模板。每完成一个循环需 2～4min,2～3h 就能将待扩增目的基因扩增放大几百万倍。在这个过程中,循环完成的时间主要与酶以及扩增序列的长度相关,一般情况下为 1min 延伸 1kb,其他环节时间基本不变,退火温度与扩增的 DNA 片段中鸟嘌呤核苷酸和胞嘧啶核苷酸含量相关,在具体实施过程中,可采取梯度 PCR 扩增的方法确定最佳退火温度(图 1－20)。

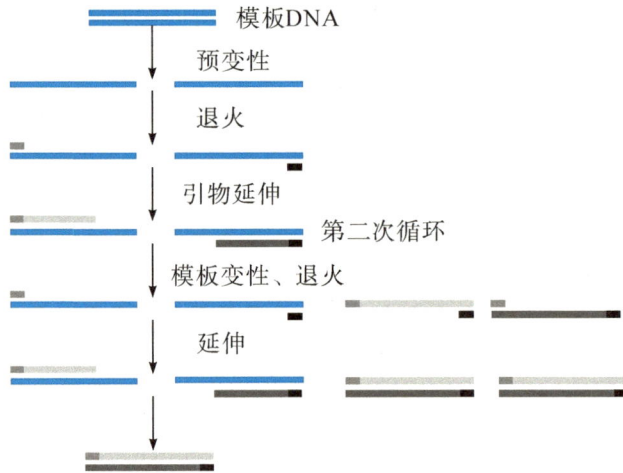

图 1－20　PCR 扩增原理

同时,需要注意的是,如果下一步该 PCR 产物要连接到质粒中,在 PCR 扩增的引物设计过程中引入酶切位点,通过 PCR 扩增过程获得的 PCR 产物中可携带酶切位点进行后续实验。

实验材料及仪器设备

1. 实验材料
16S rDNA 引物序列、dNTP、Taq 酶、Taq 缓冲液、超纯水等。

2. 仪器设备和其他用品
PCR 仪、高速离心机、低速离心机、无菌离心管、PCR 管等。

实验步骤

(1)根据实验菌种合成相应引物,本实验对菌种的 16S rDNA 进行扩增,采用的引物序列如下。

27F:5′ – CGCGAATTCATGGAGCAACAACGTCGCACAATT – 3′。

1492R:5′ – ATAGCGACATCACCGTCAGTGCCAA – 3′。

(2)将引物、DNA、dNTP、Taq 酶、Taq 缓冲液等按照下列反应体系在冰上进行添加。PCR 反应体系如表 1 - 18 所示。

表 1 - 18　PCR 反应体系

项目	量
10X Taq 缓冲液	5μL
dNTP	5μL
27F	2μL
1492R	2μL
DNA 模板(由本书实验三十二中提取所得)	1μL
Taq 酶	0.5μL
超纯水	34.5μL

(3)加入反应体系后,用手指轻弹 PCR 管数次,离心,使加入的所有溶液混合均匀。

(4)将 PCR 管放入 PCR 仪中,设置 PCR 反应条件后开始进行扩增。PCR 反应条件如表 1 - 19 所示。

表 1 - 19　PCR 反应条件

序号	温度	时间
1	94℃	5min
2	94℃	30s
3	56℃	30s
4	72℃	1.5min
5	72℃	10min
6	4℃	10min

注:表中 2~4 步进行 30 个循环。

(5)将 PCR 扩增产物从 PCR 仪中拿出,放置于 4℃条件下待用。

实验报告

简要说明 PCR 基因扩增的实验原理。

思考题

(1)简要讨论有哪些方法可以用来进行 PCR 产物的质量检测?

（2）PCR 扩增过程的反应条件可以变化吗？为什么？如果可以变化，变化的依据是什么？

（3）PCR 扩增的最后一步为什么是 4℃？可以设置其他温度吗？为什么？

实验三十四　牛乳中微生物的检验

实验目的

（1）了解牛乳细菌学检查的重要性，并对其卫生质量判断标准有一定理解。

（2）学习和掌握实验室常用牛乳中微生物检验的实验方法。

实验原理

牛乳除含 86% 以上的水分外，在干物质中还含有脂肪、蛋白质、乳糖、无机盐、维生素和酶类。牛乳的 pH 值为 6.5~6.7，是微生物的天然培养基。研究结果表明，牛乳中微生物的生长速度比在大多数培养基中的生长速度都要迅速。所以鲜奶及奶制品极易滋长微生物，遭受其分解而酸败。如果在采奶、装罐或运输等过程中不重视卫生、不严格消毒，则很快会被更多的微生物（包括传染病菌）污染，危害饮用者健康，因此，牛乳出厂前必须进行严格的杀菌和卫生检查。

超高温瞬时杀菌和巴氏消毒法是牛乳通常采用的两种消毒方法，超高温瞬时杀菌是在 135~150℃ 时，加热 3~5s，这一过程中牛乳的营养物质不被破坏，但能有效地杀死微生物。巴氏消毒法是分装之前消毒生牛乳，确保细菌相对少，能消灭牛乳中的病原菌和有害微生物，不破坏牛乳的营养成分，并保持其物理性质。巴氏消毒法是一种温和的加热工艺，在实际应用中，加温消毒范围较广，一般在 63~90℃，视消毒时间而定，如 63℃ 为 30min，80℃ 为 15min，90℃ 为 5min。

牛乳的细菌学检查一般有显微镜直接计数、标准平板计数细菌数。显微镜直接计数适用于含有大量细菌的牛乳，生鲜牛乳可用此法检查。如果显微镜检查，每个视野只 1~3 个细菌，此牛乳为一级牛乳；如果牛乳中有很多长链链球菌和白细胞，其通常是来自患乳房炎的牛；若一个视野中有很多不同的细菌，则说明牛乳被污染。

实验材料及仪器设备

1. 实验材料

新鲜生牛乳、牛肉膏蛋白胨培养基、95% 乙醇、二甲苯、美蓝染色液、乙醇等。

2.仪器设备和其他用品

显微镜、培养箱、移液器、培养皿、方格纸、水浴锅、吸管、铁丝架等。

实验步骤

1.生牛乳巴氏消毒法

（1）取新鲜生牛乳5mL放入试管内，置于63℃水浴锅中加热30min，注意热水平面必须高于乳液面。水浴温度要始终均匀一致，并不时摇动试管，使管内牛乳受热均匀。

（2）当保持温度到30min时，将试管立即从水浴锅中取出，用冷水冲洗试管外壁，试管中经巴氏消毒法消毒的牛乳称为巴氏消毒牛乳。

2.稀释平板计数法

（1）样品稀释：分别取新鲜生牛乳及经巴氏消毒的牛乳以10倍稀释法分别稀释至10^{-5}浓度。

（2）接种：取无菌培养皿，在培养皿底部标好编号，每个稀释浓度重复三皿，然后用无菌吸管以无菌操作法从稀释液中，由高稀释度向低稀释度顺序吸取200μL，加入相应编号的培养皿中，再倾注融化后冷却到55℃的牛肉膏蛋白胨培养基各1管，旋转培养皿，使其充分混匀，平置冷却。

（3）培养：将培养皿倒置在37℃条件下培养48h进行检查。

（4）结果检查：选取菌落数在30～300的培养皿作为菌落总数测定标准。

3.显微镜直接计数法

（1）涂片：取干净载玻片一块，放在方格纸上，预先在方格纸上画出面积为1cm²的2或3处，分别吸取10μL新鲜生牛乳及经巴氏消毒的牛乳，均匀涂布于1cm²面积内，待其自然干燥。

（2）固定、除脂：将涂片放于铁丝架上，置沸水浴锅内，借助蒸汽加热5min，使之固定。之后，将涂片移入二甲苯缸内处理1min，以除去奶中脂肪，然后取出，控去多余二甲苯，再放入95%乙醇缸内，以除去二甲苯，最后再以蒸馏水冲去乙醇，干燥。

（3）染色：在涂片上滴加美蓝染色液数滴，染色15s，水洗。涂片应呈浅蓝色，若颜色过深，趁湿时再用95%乙醇褪色至适当色度，使细菌与背景易分辨清楚。水洗时要缓慢，风干后镜检。

（4）镜检：在油镜下计数。要求计算出30个视野中的细菌总数，求出每个视野中平均细菌数，乘以常数500000（此常数适用于视野直径为0.16cm的光学显微镜）即为100μL样品所含细菌数的近似值，因1cm²内含100μL牛乳，乘以10即为1mL样品所含细菌数。

◤ 实验报告

将以上两种实验结果分别填入表 1-20 中。

表 1-20　牛乳中微生物的检测结果

样品	稀释平板计数法	显微镜直接计数法
未经消毒牛乳 50mmol/L		
巴氏消毒牛乳 25mmol/L		

◤ 思考题

(1)总结以上牛乳中微生物的检验方法。

(2)在稀释平板计数法中可否将牛乳稀释液涂布在已经倒好晾干的牛肉膏蛋白胨培养基中? 为什么?

实验三十五　食品中微生物的检验

◤ 实验目的

(1)了解食品微生物检验的基本概念。

(2)学习和掌握实验室常用食品中细菌总数和大肠菌群测定的基本方法。

◤ 实验原理

食品中细菌污染的程度反映了食品的卫生质量,以及食品在产、储、运、销过程中的卫生措施及管理情况。

食品中细菌的检验是衡量食品卫生质量的重要指标之一,也是判定被检食品是否可以食用的科学依据之一。通过食品中微生物的检验,可以判断食品加工环境及食品卫生情况,能够对食品被细菌污染的程度做出正确的评价。

细菌总数是指 1g 或 1mL 被检食品中,在一定的培养条件下所得的菌落总数。大肠菌群指一群在 37℃条件下,培养 24h 后能发酵乳糖,产酸、产气、需氧和兼性厌氧的革兰氏阴性无芽孢杆菌。菌群主要来源于人、畜粪便,故以此作为被粪便污染指标来评价食品的卫生质量,具有广泛的卫生学意义。食品中大肠菌群系数以 100mL(g)检样内大肠菌群最近似数（MPN）来表示，其含义是指 100mL（g）食品内含有大肠菌群数的实际数值（表 1–21）。

表 1–21　部分食品中微生物的检测指标

食品类型	细菌总数	大肠菌群最近似数	致病菌
消毒牛乳	<30000	<40	不得检出
全脂奶粉	<5000	<40	不得检出
豆腐	<50000	<70	不得检出
酱类	<5000	<30	不得检出
醋类	<5000	不得检出	不得检出
果汁饮料	<100	<5	不得检出
全啤酒	<1000	<50	不得检出
发酵酒	<50	<3	不得检出

注：以上指标参考食品微生物检验的相关指标，根据最新国家标准可进行更改。

实验材料及仪器设备

1. 实验材料

待检样品（选表 1–21 中列举的食品）、牛肉膏蛋白胨培养基、乳糖胆盐发酵管（内有倒置小管）、灭菌生理盐水等。

2. 仪器设备和其他用品

均质器电热干燥箱、高压灭菌锅、采样管等。

实验步骤

1. 细菌总数的测定

（1）样品采集：待检样品的取样方法随样品而定。总原则是取样应有代表性、均一性、典型性。应多点采样，且无菌操作。

（2）样品稀释：如果样品为固体样品，取固体样品 10g，加入盛 90mL 无菌生理盐水的三角瓶中，充分振荡 15min，取 10mL 液体，或以 10 倍稀释法依次稀释为 10^{-2}、10^{-3}、10^{-4} 等稀释度。如果样品为液体样品，取 10mL 液体，或以 10 倍稀释法依次稀释为 10^{-2}、10^{-3}、10^{-4} 等稀释度。

（3）接种、培养：取 100μL 不同梯度稀释度的待检液体，以涂布法涂布到标记好的已融化并保温在 50℃左右的牛肉膏蛋白胨培养基，轻轻转动培养皿使之混匀，静置冷凝成平板后,倒置培养24h,取出计数。

2. 大肠菌群的测定

（1）检样的稀释：与上述细菌总数的样品稀释步骤一致。

（2）乳糖发酵实验：将待检样品接种于乳糖胆盐发酵管内,在37℃条件下220转/分震荡培养皿24～48h后观察结果。

实验报告

总结实验结果,并与国标进行比较。

思考题

（1）为什么食品微生物中不能检验出致病菌？为什么醋中不能检出大肠菌群？

（2）为什么要进行食品中大肠菌群的检测？

实验三十六　食品中霉菌和酵母菌的计数

实验目的

（1）了解食品中霉菌和酵母菌检测的实验原理。

（2）学习和掌握实验室常用食品中霉菌和酵母菌的检测方法。

实验原理

除去个别以霉菌和酵母菌发酵而来的食品以外,当其他食品遭受霉菌和酵母菌的侵染时,会发生腐败变质,可引起各种急性或慢性中毒,并可能导致癌症。以霉菌和酵母菌发酵而来的食品如果污染其他杂菌也会造成食品污染或者食品损坏。因此,食品中霉菌和酵母菌数的测定反映了食品的污染程度,以及在生产加工、运输和贮藏过程中的卫生质量和管理情况。

霉菌和酵母菌数的测定是指食品检样经过处理,在一定条件下培养后,1g或1mL检样中所含的霉菌和酵母菌数（粮食样品是指1g粮食表面的霉菌总数）。因此,在微生物检验中,霉菌和酵母菌数是作为一类重要的食品污染因素进行系统讨论的,具有广泛的实践意义。本实验主要采用稀释涂布的实验操作进行食品中霉菌和酵母菌的计数。

实验材料及仪器设备

1. 实验材料

待检样品(各种食品)、牛肉膏蛋白胨培养基、察氏培养基、高盐察氏培养基、马铃薯葡萄糖琼脂培养基、马铃薯浸汁琼脂培养基、孟加拉红培养基、玉米浸汁琼脂培养基等。

2. 仪器设备和其他用品

培养箱、超净工作台、移液器、培养皿等。

实验步骤

1. 采样

待检样品的取样方法随样品而定。总原则是取样必须具有代表性,宜多点采样,并严格进行无菌操作。采样后应尽快检验,如果不能及时进行检验,应将样品放置于低温干燥处保存。

(1)粮食(粮库贮粮、粮店或家庭小量存粮)根据粮囤或粮垛的大小和类型,采用三层五点法或分层不同点取样,充分混合后,取 500g 检验。

(2)谷物加工制品(包括熟饭、糕点、面包等)、发酵食品、乳及乳制品以及其他液体食品等,取可疑霉变食品 250g(或 250mL)检验。

2. 样品稀释

以无菌操作法取样品 25g(或 25mL)于盛 225mL 无菌水的三角瓶中,振荡 30min,再以 10 倍稀释法依次稀释为 10^{-2}、10^{-3}、10^{-4}。

3. 接种、培养

取 100μL 不同梯度稀释度的待检液体,以涂布法涂布到标记好的已融化并保温在 50℃左右的相应培养基,轻轻转动培养皿使之混匀,静置冷凝后,将培养基倒置培养 3d 后开始计数。此后每天取出计数,共计观察 7d。

实验报告

总结实验结果,并将不同检验样品的实验结果进行对比。

思考题

(1)利用不同培养基进行检验,检验结果是否一致?为什么?

(2)利用本实验操作还可以检验什么食品中的霉菌和酵母菌?

实验三十七　金黄色葡萄球菌的检验

实验目的

（1）了解金黄色葡萄球菌的致病机理。

（2）学习和掌握实验室常用金黄色葡萄球菌的鉴定要点及其检验方法。

实验原理

金黄色葡萄球菌，隶属于葡萄球菌属，是革兰氏阳性菌的代表，为一种常见的食源性致病微生物。金黄色葡萄球菌形态为球形，在培养基中菌落特征表现为圆形，菌落表面光滑，颜色为无色或者金黄色，无扩展生长特点。将金黄色葡萄球菌培养在哥伦比亚血平板中，在光下观察菌落会发现其周围产生了透明的溶血圈。金黄色葡萄球菌在显微镜下排列成葡萄串状，金黄色葡萄球菌无芽孢、鞭毛，大多数无荚膜。该菌最适宜生长温度为 37℃，pH 值为 7.4，耐高盐，可在盐浓度接近 10% 的环境中生长。

金黄色葡萄球菌常见于皮肤表面及上呼吸道黏膜，是常见的引起食物中毒的致病菌。其在适当的条件下能够产生肠毒素，引起食物中毒，是仅次于沙门氏菌和副溶血杆菌的第三大微生物致病菌。在《食品安全国家标准预包装食品中致病菌限量》（GB1886. 350—2021）这一国标中制定了金黄色葡萄球菌的限量标准，规定肉制品、水产制品、粮食制品、即食豆类制品、即食果蔬制品、饮料、冷冻饮品及即食调味品 8 类食品中同批次采集 5 份样品，仅允许其中 1 份样品金黄色葡萄球菌浓度在 100~1000CFU/g(mL)；即食调味品中同批次采集 5 份样品，仅允许其中 1 份样品金黄色葡萄球菌浓度在 100~10000CFU/g(mL)。

金黄色葡萄球菌的检测可以采用传统分离鉴定法、免疫学检测方法、分子生物学检测方法及试剂盒法等。本实验主要采用传统分离鉴定法，操作简单，稳定性强，成本低，是最常用的检测方法。

实验材料及仪器设备

1.实验材料

待检样品（各种食品）、金黄色葡萄球菌菌种、7.5% 氯化钠肉汤培养基、血琼脂平板、肉浸液肉汤等。

2.仪器设备和其他用品

培养箱、超净工作台、移液器、培养皿等。

▶ 实验步骤

1.样品培养

将固体待检样品 10g 加入 100mL 生理盐水中稀释制备成混悬液(如果是液体待检样品可不进行稀释),划线于血琼脂平板上,同时吸取 1mL 待检稀释液接种于 50mL 的 7.5% 氯化钠肉汤培养基中,在 37℃ 条件下培养 24h。金黄色葡萄球菌在血琼脂平板上菌落呈金黄色,大而凸起,圆形,表面光滑,不透明,周围有溶血圈。

2.分离纯化

挑取血琼脂平板上的可疑菌落,接种于另一血琼脂平板上,在 37℃ 条件下培养 24h 后,观察菌落特征。

3.形态染色

金黄色葡萄球菌为革兰氏阳性球菌,呈葡萄串状排列,无芽孢和鞭毛。

4.血浆凝固酶试验

病原性葡萄球菌多数能产生血浆凝血酶,非病原性葡萄球菌则不产生这种酶。因此,可利用这一特征对金黄色葡萄球菌的病原性进行鉴定。

(1)玻片法:将血浆从载玻片一端滴加,挑取菌落与血浆充分混合。载玻片的另外一端以生理盐水混合菌液进行对照。如果混菌血浆出现凝集,而混菌盐水均匀浑浊,则血浆凝固酶结果为阳性。

(2)试管法:在灭菌试管中将金黄色葡萄球菌 24h 培养物与血浆以 1∶1 的比例进行混合,置于 37℃ 条件下培养,每半个小时观察 1 次,连续观察 6h,如果出现凝块则为阳性。

▶ 实验报告

描述本实验中涉及的形态染色、血琼脂平板以及血浆凝固酶试验的结果,并对检测到的金黄色葡萄球菌的致病性进行初步鉴定。

▶ 思考题

(1)日常生活中见到的金黄色葡萄球菌都是致病性的吗?
(2)总结鉴别金黄色葡萄球菌致病性的方法。

实验三十八　酸奶的制备

▼ 实验目的

(1)了解酸奶制备的实验原理。

(2)学习和掌握实验室常用酸奶制备的实验方法。

▼ 实验原理

酸奶是一种具有酸甜口味的牛奶饮品,大多是由鲜牛奶发酵而成,内部富含维生素、蛋白质、钙等营养成分。

酸奶在制作的过程中是给牛奶接种乳酸菌,然后放到适宜的温度下进行繁殖,最后再利用乳酸菌未彻底分解牛奶中的葡萄糖作为乳酸,释放少量能量来进行发酵的。在这个发酵过程中,会产生乳酸,导致发酵液的酸度逐渐下降,当pH值达到4.6左右的时候,牛奶中的酪蛋白就会缓慢地沉降下来,形成细腻的凝冻,整体溶液的黏度也会增加,就形成了酸奶。经过一段时间的发酵后,将酸奶降温并放置一段时间,可形成凝固状的酸奶。

▼ 实验材料及仪器设备

1. 实验材料

市售酸奶、纯牛奶、白砂糖等。

2. 仪器设备和其他用品

恒温培养箱、水杯等。

▼ 实验步骤

(1)将市售酸奶与纯牛奶以1∶4的比例进行混合并倒入无菌带盖杯子里,摇匀后,按制作者口味适度添加白砂糖。

(2)将装有酸奶混合物的无菌带盖杯子放入42℃的培养环境中培养8～9h或过夜。

(3)将装有酸奶混合物的无菌带盖杯子放入4℃条件下3～4h,即制成酸奶。制成的酸奶一般为凝块状,表面光洁度好。可根据个人口味添加水果等。

▼ 实验报告

描述本次酸奶制备过程,并比较不同制作者制作出来的酸奶的口味差异。

思考题

（1）如何利用生活中常见的材料、设备进行酸奶的制作？

（2）在制作酸奶时，能否只加一种乳酸菌？为什么？

（3）酸奶制作出来后，为什么在4℃条件下放置后口味会更好？

实验三十九　酱油的酿制

实验目的

（1）了解酱油酿制的基本原理。

（2）学习酱油成曲的制作和简易酿制方法。

实验原理

酱油是我国传统的液体调味品。制作原料是植物性蛋白质和淀粉质。植物性蛋白质取自大豆榨油后的豆饼，或溶剂浸出油脂后的豆粕，也有以花生饼、蚕豆代用的，传统生产中以大豆为主；淀粉质原料普遍采用小麦及麸皮，也有以碎米和玉米代用的，传统生产中以面粉为主。其色泽呈红褐色，有独特酱香，滋味鲜美，能促进食欲。古法生产酱油的核心环节是露天晾晒。

酱油用的原料经蒸熟冷却，接入纯粹培养的米曲霉菌种制成酱曲，酱曲移入发酵池，加盐水发酵，待酱醅成熟后，以浸出法提取酱油。制曲的目的是使米曲霉在曲料上充分生长发育，并大量产生和积蓄所需要的酶，如蛋白酶、肽酶、淀粉酶、谷氨酰胺酶、果胶酶、纤维素酶、半纤维素酶等。在发酵过程中，味的形成是利用这些酶的作用。如蛋白酶及肽酶将蛋白质水解为氨基酸，产生鲜味；谷氨酰胺酶将无味的谷氨酰胺变成具有鲜味的谷氨酸；淀粉酶将淀粉水解成糖，产生甜味；果胶酶、纤维素酶和半纤维素酶等能将细胞壁完全破裂，使蛋白酶和淀粉酶水解地更彻底。同时，在制曲及发酵过程中，从空气中落入的酵母和细菌也进行繁殖并分泌多种酶，也可添加纯粹培养的乳酸菌和酵母菌。由乳酸菌产生适量乳酸，由酵母菌发酵生产乙醇，以及由原料成分、曲霉的代谢产物等所生产的醇、酸、醛、酯、酚、缩醛和呋喃酮等多种成分，虽多属微量，但却能构成酱油复杂的香气。此外，由原料蛋白质中的酪氨酸经氧化生成黑色素及淀粉经曲霉淀粉酶水解为葡萄糖与氨基酸反应生成类黑素，使酱油产生鲜艳、有光泽的红褐色。发酵期间的一系列极其复杂的生物化学变化所产生的鲜味、甜味、酸味、酒香、酯香与盐水的咸味相混合,最后形成色、香、味独特的酱油。

实验材料及仪器设备

1. 实验材料

酱油酿造的米曲霉菌种、马铃薯蔗糖琼脂斜面培养基、豆饼、麸皮、谷壳、面粉、食盐等。

2. 仪器设备和其他用品

发酵缸、曲盘、恒温培养箱、水杯等。

实验步骤

1. 种曲制备

种曲即酿制酱油的菌种。其制作程序:原菌种—试管斜面菌种培养—三角瓶扩大培养—种曲。

(1)试管斜面菌种培养:取马铃薯蔗糖琼脂斜面培养基,接入米曲霉孢子,于30℃下培养3d,待斜面上长满黄绿色孢子时取出,4℃冰箱保存,备用。

(2)三角瓶扩大培养:称取麸皮100g,加草木灰少许,混匀后,加水90～100mL,充分拌和,稍焖,分装瓶中,装量占瓶容积的1/3左右,加盖封口膜,在121℃下灭菌40min,取出趁热摇散。冷却后,用接种环从斜面菌种管上取孢子接入培养基中,充分摇匀,置28～30℃条件下培养18～20h。当白色菌丝长满三角瓶内培养基,进行第一次摇瓶,以打散菌块,再培养5～6h进行第二次摇瓶,继续培养至黄绿色孢子出现,即成熟,全程约70h。

2. 酱油酿制

酱油酿制使用低盐固态酿制法。其制作程序:豆饼、麸皮—润水—蒸煮—冷却—制曲—成曲—制醅—入缸发酵—发酵—曲醅成熟—盐水浸提—淋油—配制—灭菌—成品。

具体制作过程如下。

(1)制曲:将豆饼与麸皮以4∶1的比例混合后,粉碎过筛,要求颗粒不超过5～6mm,加水焖料、蒸料。待蒸料冷却到40～45℃时,按0.2%～0.4%接种种曲。接种完毕分装入曲盘,厚度为2cm左右,置曲室培养。待品温渐至33～34℃、曲料泛白结块时,进行第一次翻曲,使菌丝继续生长。品温再度升高,进行第二次翻曲,使品温保持在36～38℃。生长至后期,菌丝充分生长,开始着生孢子,品温不再上升,此时仍应保温、保湿,待孢子刚转黄绿色时即可出曲。

(2)发酵:低盐固态酿制法的食盐含量维持在7%左右,盐水量按成曲量的120%～

150%制备,并加热至 55~60℃待用。制醅是将成曲破碎至 2mm 左右颗粒,分批放入发酵缸,边加盐水边搅拌,使缸底曲料与盐水充分混匀渗透后再逐渐加入其余部分,最后将剩余盐水浇于酱醅表层。入缸后,保持品温在 40~45℃为宜,过高或过低均会影响蛋白酶水解作用。若超过 45℃应采取换缸降温处理。发酵 10~12d 后,将发酵温度控制在30℃左右,淋浇酵母菌液,促进乙醇发酵,并补加食盐,使酱醅含盐量达 15%以上。继续发酵 14~15d,酱醅成熟。

(3)浸淋:将熟醅浸淋在发酵液中,发酵浸淋温度控制在 80℃,保温 20h 后,收集第一次酱油。将剩余酱渣继续浸淋在发酵液中,温度控制在 80℃,保温 20h。保温结束后,收集第二次酱油。将第二次发酵剩余酱渣浸泡在无菌水中,2h 后,收集上清液。

(4)配制、加热灭菌与澄清:根据每批酱油品质及消费者需求进行调配。调配后因生酱油微生物较多,采用 60~70℃条件下加热 30min,以便安全使用。加盐配置的酱油有沉淀生成,可静置或过滤,使其澄清后取用。

实验报告

描述本次酱油的酿制过程,并简述其工艺要点。

思考题

(1)为什么要制备种曲?

(2)米曲霉的生理特性是什么?

(3)为什么在调配酱油后还要进行加热? 如果不加热会产生怎样的后果?

实验四十 果酒的酿造

实验目的

(1)了解果酒酿造的基本原理。

(2)学习果酒酿造的实验方法。

实验原理

果酒是一类营养丰富、含乙醇度低的饮料,是用含一定糖分和水分的果实压汁,经微生物发酵而成。在果酒陈酿过程中,各种酸类与醇类的酯化反应赋予果酒特殊的香味,果酒中的单宁、色素、果屑微粒及蛋白质等的氧化和下沉使酒液澄清、风味增浓。

各种果酒以原料而称名。除坚果外,所有栽培果、野生果均可作为酿造果酒的原料。

实验材料及仪器设备

1. 实验材料

葡萄酒酵母菌、白砂糖、食用酒精、果胶酶、苹果汁培养基、麦芽汁培养基等。

2. 仪器设备和其他用品

试管、三角瓶、发酵缸、破碎机、果汁分离器等。

实验步骤

1. 酒母培养

(1)菌种活化:取装有 10mL 苹果汁或麦芽汁的培养基 1 支,按无菌操作法接种葡萄酒酵母菌一环,混匀后置于 28 ~ 30℃条件下培养 2 ~ 5d,镜检酵母繁殖良好,无杂菌即可。

(2)母发酵剂的制备:在装有 100mL 苹果汁培养基的三角瓶中,接入 1 ~ 2mL 经活化的葡萄酒酵母液,于 28℃条件下培养 2 ~ 3d,当培养液表面有气泡产生,嗅之有酒香味,取样镜检无杂菌时使用。

(3)生产发酵剂的制备:方法与母发酵剂相同,只是采取更大的容器。一般采用 500 ~ 1000mL 的三角瓶或卡氏罐,盛装占总容积 1/2 ~ 3/5 的果汁培养液,灭菌冷却后,按 10% 接种量接入母发酵剂,于 25 ~ 28℃条件下培养 24 ~ 48h,待发酵正常,镜检无杂菌时方可使用。

2. 果酒生产

(1)选取成熟苹果,除去腐烂、干疤和伤果。

(2)清水充分洗涤,除去果皮上的污物、杂质及药剂,以保证原料干净卫生。

(3)用破碎机破碎果块粒度至 $0.5cm^3$ 左右,并除去果籽。

(4)破碎后立即进行压榨分离。分离出的果汁中不得带有果肉,同时需添加适量柠檬酸及单宁调整含量,并加入 0.1 ~ 0.15g/L 的果胶酶,促使果胶分解,使果汁澄清并提高酒的风味。

(5)取澄清果汁放入经干热灭菌的发酵缸中,装量占缸容积的 4/5,按 3% ~ 5% 的接种量接入酵母生产发酵剂进行发酵,保持品温在 18 ~ 22℃,最高勿超过 25℃,发酵 7 ~ 12d。

(6)前发酵结束后,迅速将酒液与皮渣分离,酒汁转入经干热灭菌的发酵缸中进行后发酵,使残糖继续分解。

(7)为使已澄清的原酒与其沉淀物及时分离,以免沉淀物产生异味而影响酒质,故需进行换桶。换桶次数为新酒每年换 3 次。

(8)陈酿应满桶贮存。陈酿即酒的老熟,经长期密闭贮存,可使酒质澄清、风味醇厚。

(9)原酒贮存一年半后可开始配制。配制时,按工艺规定将不同原酒按一定配比相混,然后添加适量的糖、乙醇,继续贮存半年以上。

(10)采用冷冻法使其澄清,即于 $-10℃$ 左右存放 7d,然后冷过滤。澄清后的酒置 $-7 \sim -5℃$ 下冷冻 3d 不发生混浊沉淀,或暴露空气中氧化 4d 不变混浊即为合格。

(11)装瓶后需进行巴氏灭菌,即在 70℃ 下灭菌 15min,冷却后封口保存。

实验报告

描述本次果酒的制备过程,并比较不同制作者制作出来的果酒的口味差异。

思考题

(1)酵母菌的酿酒原理是什么?

(2)果酒酿造中为什么要加果胶酶?

实验四十一　啤酒的酿造

实验目的

(1)了解啤酒酿造的基本原理。

(2)学习啤酒酿造的实验方法。

实验原理

啤酒是以麦芽、水为主要原料,加啤酒花(包括啤酒花制品),经酵母发酵酿制而成的含有二氧化碳并可形成泡沫的发酵酒。其包括无醇啤酒。

啤酒酿造的原料有大麦、啤酒花、酿造用水和糖。大麦是酿造的主要原料,其适用于酿酒的原因是因为其便于发芽,可产生大量水解酶;种质范围广,化学成分适合;不是人类食用的主粮。啤酒花简称酒花,属多年生蔓性草本植物,雌雄异株,用于啤酒酿造者为成熟雌花,其可赋予啤酒香气和爽口的苦味,提高啤酒泡沫的持久性;使蛋白质沉淀,有利于啤酒的澄清;有抑菌作用,能增加麦芽汁和啤酒的防腐能力。啤酒生产用水包括加工水及洗涤、冷却水两部分。加工用水中投料水、洗槽水、啤酒稀释用水直接参与啤酒酿造。啤酒 90% 以上成分是水,其性质主要取决于水中溶解盐类的种类和含量,水的生物学纯净度及气味对啤酒酿造过程起重要影响。糖是某些啤酒中的重要添加物,可使啤酒颜色更淡、杂质更少、口味更爽快。

实验材料及仪器设备

1. 实验材料

啤酒酵母、大麦、啤酒花、酿造用水、糖。

2. 仪器设备和其他用品

发酵罐、培养皿、糖化罐等。

实验步骤

1. 制麦

将大麦用纯水进行清洗,按照大麦品相进行分级。将品相符合要求的大麦浸润于无菌水。待大麦含水量升高后,保温促使大麦发芽。几乎所有大麦发绿麦芽后,进行大麦干燥,同时去除其麦根、破皮,放进仓库贮藏。

2. 糖化

麦芽汁的制备过程称为糖化,在糖化罐完成。

3. 发酵过程

满罐自然升温到 12℃ 发酵 2~3d,待糖度降到 6%~7%,自然升温到 16℃,高温还原双乙酰 48h,降温到 -2~1℃,后熟 3d,过滤。

降温条件:双乙酰还原指标达到指标,开始降温。双乙酰是衡量啤酒风味成熟与否的决定性指标,其含量超过其味阈值会给啤酒带来不愉快的馊饭味,影响啤酒风味。

4. 包装及处理

发酵结束后,大部分酵母沉淀于罐底,将这部分酵母回收供下一罐使用。

除去酵母后,生成物"嫩啤酒"被泵入后发酵罐(或称熟化罐)。剩余酵母和不溶性蛋白质进一步沉淀,使啤酒风格逐渐成熟。成熟时间随啤酒品种不同而异,一般为 7~21d。

实验报告

描述本次啤酒酿造过程,并比较不同制作者制作出来的啤酒口味的差异。

思考题

(1)如何控制发酵温度和压力?

(2)后贮时间会怎样影响啤酒口感?

第二部分 常用培养基配方

下列培养基除特殊标注外,灭菌条件均为0.1MPa,121℃,20min,并保持自然pH值。

如果制备固体培养基,则先将培养基中的其他可溶性成分完全溶解,在需要时调节pH值,添加相应量的琼脂。

1.牛肉膏蛋白胨培养基(表2-1)

表2-1　牛肉膏蛋白胨培养基

培养基成分	1000mL加入量	备注
牛肉膏	3g	
蛋白胨	10g	
NaCl	5g	
琼脂	18~20g	制备固体培养基时添加

注:牛肉膏、蛋白胨、NaCl完全溶解后,用1mol/L或5mol/L的NaOH调节pH值至7.2~7.8后定容。

2.LB培养基(表2-2)

表2-2　LB培养基

培养基成分	1000mL加入量	备注
胰蛋白胨	10g	
酵母提取物	5g	
NaCl	10g	
琼脂	18~20g	制备固体培养基时添加

注:胰蛋白胨、酵母提取物、NaCl完全溶解后,用1mol/L或5mol/L的NaOH调节pH值至7.2~7.8后定容。

3. 高氏一号培养基(表 2 - 3)

表 2 - 3　高氏一号培养基

培养基成分	1000mL 加入量	备注
可溶性淀粉	20g	
KNO_3	1g	
K_2HPO_4	0.5g	
$MgSO_4 \cdot 7H_2O$	0.5g	
NaCl	0.5g	
$FeSO_4 \cdot 7H_2O(100g/L)$	0.1mL	
琼脂	18 ~ 20g	制备固体培养基时添加

注:水浴加热培养基使可溶性淀粉完全溶解后,依次添加其他培养基成分,再用 1mol/L 或 5mol/L 的 NaOH 调节 pH 值至 7.2 ~ 7.8 后定容。

4. 高氏二号培养基(表 2 - 4)

表 2 - 4　高氏二号培养基

培养基成分	1000mL 加入量	备注
蛋白胨	5g	
葡萄糖	10g	
NaCl	5g	
琼脂	18 ~ 20g	制备固体培养基时添加

注:蛋白胨、葡萄糖、NaCl 完全溶解后,用 1mol/L 或 5mol/L 的 NaOH 调节 pH 值至 7.2 ~ 7.8 后定容。

5. 淀粉铵培养基(表 2 - 5)

表 2 - 5　淀粉铵培养基

培养基成分	1000mL 加入量	备注
可溶性淀粉	10g	
$(NH_4)_2SO_4$	2g	
K_2HPO_4	1g	
$MgSO_4 \cdot 7H_2O$	1g	
NaCl	5g	
$CaCO_3$	3g	
琼脂	18 ~ 20g	制备固体培养基时添加

注:水浴加热培养基使可溶性淀粉完全溶解后,依次添加其他培养基成分。

6. 察贝克氏(Czapek)培养基(表2-6)

表2-6　察贝克氏培养基

培养基成分	1000mL 加入量
蔗糖	30g
$NaNO_3$	2g
K_2HPO_4	1g
KCl	0.5g
$MgSO_4 \cdot 7H_2O$	0.5g
$FeSO_4 \cdot 7H_2O(100g/L)$	0.1mL

7. 马丁氏(Martin)培养基(表2-7)

表2-7　马丁氏培养基

培养基成分	1000mL 加入量	备注
葡萄糖	10g	
蛋白胨	5g	
KH_2PO_4	1g	
$MgSO_4 \cdot 7H_2O$	0.5g	
孟加拉红(1/100 水溶液)	10mL	
琼脂	18~20g	制备固体培养基时添加

注:121℃灭菌15min 或115℃灭菌30min。使用时,每100mL 加1%链霉素溶液0.3mL,使培养基中含链霉素终浓度为30μg/mL。待培养基灭菌后冷却至50℃左右时,加入链霉素。

8. 麦芽汁培养基(表2-8)

表2-8　麦芽汁培养基

培养基成分	1000mL 加入量	备注
10°波林麦芽汁	1000mL	
琼脂	18~20g	制备固体培养基时添加

注:使用时按0.3%用量加入灭菌乳酸,使 pH 值降至5.4左右。

麦芽汁的准备如下。

(1)大麦或小麦用水浸泡洗净后,将其放在15℃阴凉处发芽,待麦芽伸展至麦粒2倍长时,研磨成麦芽粉。

(2)将麦芽粉与水按照1:4的比例于65℃恒温水浴3~4h,使其自行糖化至糖化完全。

(3)用4～6层纱布过滤,留滤液。

(4)用波美比重计检测糖化液中糖浓度,一般将滤液稀释到10°～15°波林,待用。

9.酸性麦芽汁培养基(表2-9)

表2-9　酸性麦芽汁培养基

培养基成分	1000mL加入量	备注
2°波林麦芽汁	1000mL	
琼脂	18～20g	制备固体培养基时添加

注:使用时按3%加入灭菌后浓乳酸,调节pH值至5。可将10°波林麦芽汁加水稀释至2°波林麦芽汁。

10.豆芽汁蔗糖培养基(表2-10)

表2-10　豆芽汁蔗糖培养基

培养基成分	1000mL加入量	备注
豆芽汁	1000mL	
蔗糖	20g	
NaCl	5g	
琼脂	18～20g	制备固体培养基时添加

注:蔗糖完全溶解后,用1mol/L或5mol/L的NaOH调节pH值至7.2左右。

豆芽汁制备法:黄豆芽100g,加水煮沸30min,两层纱布过滤后留汁液并定容至1000mL即可。使用时按0.3%用量加入灭菌乳酸,使pH值降至5左右。

11.马铃薯葡萄糖培养基(表2-11)

表2-11　马铃薯葡萄糖培养基

培养基成分	1000mL加入量	备注
马铃薯汁	1000mL	
葡萄糖	20g	
琼脂	18～20g	制备固体培养基时添加

注:马铃薯去皮、洗净、切片后,取200g放入1000mL纯水中,用文火煮沸30min,双层纱布过滤,滤液加水定容。

12. 马铃薯浸汁培养基(表 2 – 12)

表 2 – 12 马铃薯浸汁培养基

培养基成分	1000mL 加入量	备注
马铃薯浸汁	1000mL	
葡萄糖	20g	
琼脂	18 ~ 20g	制备固体培养基时添加

注:取 350g 马铃薯加水 1000mL 置 4℃ 环境下冷浸一夜。

13. 蛋白胨葡萄糖培养基(表 2 – 13)

表 2 – 13 蛋白胨葡萄糖培养基

培养基成分	1000mL 加入量	备注
蛋白胨	10g	
葡萄糖	20g	
琼脂	18 ~ 20g	制备固体培养基时添加

14. 玉米粉浸汁培养基(表 2 – 14)

表 2 – 14 玉米粉浸汁培养基

培养基成分	1000mL 加入量	备注
玉米粉浸汁	1000mL	
琼脂	18 ~ 20g	制备固体培养基时添加

注:取黄玉米面 40g,加水至 1000mL,于 60℃ 恒温水浴 1h,用粗滤纸过滤,滤液加水定容至 1000mL,加 12g 琼脂 121℃ 灭菌 15min,趁热用脱脂棉过滤后分装试管,115℃ 灭菌 15min。

15. 戈罗德卡娃氏(Gorodkowa)培养基(表 2 – 15)

表 2 – 15 戈罗德卡娃氏培养基

培养基成分	1000mL 加入量	备注
蛋白胨	10g	
葡萄糖	1g	
NaCl	5g	
琼脂	18 ~ 20g	制备固体培养基时添加

注:121℃ 灭菌 15min。

16. 胡萝卜条培养基

胡萝卜条洗净,切成条状斜面,大头朝下放入试管(管底预先放入湿棉花),常规方法灭菌。

17. 水生105无氮培养基(表2-16)

表2-16　水生105无氮培养基

培养基成分	1000mL 加入量
过磷酸钙	0.3g
$MgSO_4 \cdot 7H_2O$	0.2g
KCl	0.1g
$NaHCO_3$	0.1g
$FeCl_2(1\%)$	1 滴
$H_2MoO_4(1\%)$	1 滴

18. 水生111无氮培养基(表2-17)

表2-17　水生111无氮培养基

培养基成分	1000mL 加入量
K_2HPO_4	0.075g
$MgSO_4 \cdot 7H_2O$	0.125g
$CaCO_3$	0.1g
柠檬酸铁(1%)	0.5mL
柠檬酸(1%)	0.5mL
钼酸(1%)	5 滴

19. 朱氏培养基(表2-18)

表2-18　朱氏培养基

培养基成分	1000mL 加入量
$Ca(NO_3)_2$	0.04g
过磷酸钙	0.1g
$MgSO_4 \cdot 7H_2O$	0.025g
Na_2CO_3	0.02g
Na_2SiO_3	0.025g
K_2HPO_4	0.01g

20. 福格(Fogg)培养基(表 2−19)

表 2−19　福格培养基

培养基成分	1000mL 加入量
$Ca(NO_3)_2$	0.08g
K_2HPO_4	0.01g
$MgSO_4 \cdot 7H_2O$	0.025g
Na_2CO_3	0.02g
Na_2SiO_3	0.025g
柠檬酸铁	0.0008g
土壤浸提液	20mL

注:土壤浸提液是菜园土 1 份与 2 份水混合均匀后静置,取上清液。

21. 甘露醇土壤浸液培养基(表 2−20)

表 2−20　甘露醇土壤浸液培养基

培养基成分	1000mL 加入量	备注
甘露醇	5g	
K_2HPO_4	1g	
天门冬氨酸	0.1g	
土壤浸提液	500mL	
琼脂	18~20g	制备固体培养基时添加

22. 明胶琼脂培养基(表 2−21)

表 2−21　明胶琼脂培养基

培养基成分	1000mL 加入量
蛋白胨	5g
明胶	120g
NaCl	5g
琼脂	18~20g

注:用 1mol/L 或 5mol/L 的 NaOH 调节 pH 值至 7.2~7.4。分装试管,穿刺法高度为 4~5cm,平板法高度为 15cm,115℃灭菌 20min。

23.酵母膏蛋白胨培养基(表2-22)

表2-22 酵母膏蛋白胨培养基

培养基成分	1000mL 加入量	备注
酵母膏	0.7g	
蛋白胨	1g	
葡萄糖	1g	
$(NH_4)_2SO_4$	0.2g	
$MgSO_4 \cdot 7H_2O$	0.2g	
K_2HPO_4	1g	
琼脂	18～20g	制备固体培养基时添加

24.葡萄糖牛肉膏蛋白胨培养基(表2-23)

表2-23 葡萄糖牛肉膏蛋白胨培养基

培养基成分	1000mL 加入量	备注
葡萄糖	10g	
牛肉膏	3g	
蛋白胨	5g	
NaCl	5g	
琼脂	18～20g	制备固体培养基时添加

注:葡萄糖、牛肉膏、蛋白胨、NaCl 完全溶解后,用1mol/L 或5mol/L 的 NaOH 调节 pH 值至7.2～7.4 后定容。

25.糖发酵基础培养液(表2-24)

表2-24 糖发酵基础培养液

培养基成分	1000mL 加入量
蛋白胨	10g
NaCl	5g

注:蛋白胨、NaCl 完全溶解后,用1mol/L 或5mol/L 的 NaOH 调节 pH 值至7.4 后定容。

每1000mL 培养基中加入1.6% 溴甲酚紫1mL,混匀,使培养基呈蓝色,常规条件灭菌。糖类:葡萄糖、蔗糖、乳糖、甘露糖分别配成10% 浓度,在115℃条件下灭菌20min。按1% 的比例加入上述培养基中。

26. 博德和霍尔丁培养基(表2-25)

表2-25　博德和霍尔丁培养基

培养基成分	1000mL 加入量
$NH_4H_2PO_4$	0.5g
K_2HPO_4	0.5g
酵母膏	0.5g
葡萄糖(10%水溶液)	10mL
溴百里酚蓝(1%水溶液)	3mL
琼脂	5~6g

注:可溶性成分完全溶解后,用 1mol/L 或 5mol/L 的 NaOH 调节 pH 值至 7.2 后定容,分装试管,0.06MPa 灭菌 20min。溴百里酚蓝(pH 值5.8~7.6,颜色由黄变蓝)先用少量 95% 乙醇溶解,再加水配制成 1%。

27. 乙醇发酵培养液(表2-26)

表2-26　乙醇发酵培养液

培养基成分	1000mL 加入量
蔗糖	150g
蛋白胨	5g
KH_2PO_4	3g
$MgSO_4 \cdot 7H_2O$	1g
酵母粉	10g

28. 淀粉牛肉膏蛋白胨培养基(表2-27)

表2-27　淀粉牛肉膏蛋白胨培养基

培养基成分	1000mL 加入量	备注
可溶性淀粉	2g	
牛肉膏	3g	
蛋白胨	5g	
琼脂	18~20g	制备固体培养基时添加

注:水浴加热培养基使可溶性淀粉完全溶解后,依次添加其他培养基成分。可溶性成分完全溶解后,用 1mol/L 或 5mol/L 的 NaOH 调节 pH 值至 7.2~7.4 后定容。

29. 葡萄糖蛋白胨培养基(表2-28)

表2-28　葡萄糖蛋白胨培养基

培养基成分	1000mL 加入量
葡萄糖	5g
蛋白胨	5g
K_2HPO_4	5g

注:可溶性成分完全溶解后,用1mol/L 或 5mol/L 的 NaOH 调节 pH 值至 7~7.2 后定容,115℃灭菌 20min。

30. 吖啶黄麦芽汁培养基(表2-29)

表2-29　吖啶黄麦芽汁培养基

培养基成分	1000mL 加入量
10°波林麦芽汁	100mL
琼脂	1.8g

注:灭菌后加入吖啶黄,终浓度为2g/L。

31. 完全培养基(表2-30)

表2-30　完全培养基

培养基成分	1000mL 加入量	备注
牛肉膏	5g	
蛋白胨	10g	
NaCl	5g	
琼脂	18~20g	制备固体培养基时添加

注:牛肉膏、蛋白胨、NaCl 完全溶解后,用1mol/L 或 5mol/L 的 NaOH 调节 pH 值至 7.2~7.4 后定容。

32. 酪蛋白琼脂培养基(表2-31)

表2-31　酪蛋白琼脂培养基

培养基成分	1000mL 加入量	备注
酪蛋白	4g	
KH_2PO_4	0.36g	
$Na_2HPO_4 \cdot 7H_2O$	1.07g	
$CaCl_2 \cdot 7H_2O$	0.002g	
$MgSO_4 \cdot 7H_2O$	0.5g	
$ZnCl_2$	0.014g	

续表 2 - 31

培养基成分	1000mL 加入量	备注
NaCl	0.16g	
胰蛋白酶解酪蛋白	0.05g	
琼脂	18g	制备固体培养基时添加

注:称取酪蛋白放入烧杯中,加入少量 0.1mol/L NaOH,加热溶解后加温水过滤,备用。将需要量小的无机盐配成母液。称取磷酸盐放入烧杯中,溶解后,依次加入其他盐、酪蛋白和胰蛋白酶解酪蛋白等定容。调节 pH 值后加入琼脂。

33. 厌氧纤维素分解菌培养基(表 2 - 32)

表 2 - 32　厌氧纤维素分解菌培养基

培养基成分	1000mL 加入量
$(NH_4)_2SO_4$	1g
K_2HPO_4	1g
$MgSO_4 \cdot 7H_2O$	0.5g
NaCl	0.2g
$CaCO_3$	2g

注:每管装培养基 10~15mL,加入滤纸片 10~20 片。

34. 好热性纤维素分解菌培养基(表 2 - 33)

表 2 - 33　好热性纤维素分解菌培养基

培养基成分	1000mL 加入量
$Na(NH_4)HPO_4$	1g
NaCl	0.1g
$MgSO_4 \cdot 7H_2O$	0.4g
$MnSO_4(1\%)$	1 滴
KH_2PO_4	0.5g
$FeSO_4(1\%)$	1 滴
K_2HPO_4	0.5g
$CaCO_3$	0.5g
蛋白胨	0.5g

注:在试管中装入 1cm×10cm 滤纸片 1 片,再装入培养基 10~15mL,灭菌。

35. 硝化作用(第一阶段)培养基(表2-34)

表2-34　硝化作用(第一阶段)培养基

培养基成分	1000mL 加入量
$(NH_4)_2SO_4$	2g
K_2HPO_4	1g
$MgSO_4 \cdot 7H_2O$	0.5g
NaCl	2g
$FeSO_4$	0.4g
$CaCO_3$	5g

注:用1mol/L 或 5mol/L 的 NaOH 调节 pH 值至7.2后定容。

36. 硝化作用(第二阶段)培养基(表2-35)

表2-35　硝化作用(第二阶段)培养基

培养基成分	1000mL 加入量
$NaNO_3$	1g
NaCl	0.5g
K_2HPO_4	0.5g
$MgSO_4 \cdot 7H_2O$	0.5g
$FeSO_4 \cdot 7H_2O$	0.4g
$NaCO_3$	1g

注:用1mol/L 或 5mol/L 的 NaOH 调节 pH 值至7.2后定容。

37. 反硝化作用培养基(表2-36)

表2-36　反硝化作用培养基

培养基成分	1000mL 加入量
酒石酸钾钠	20g
KNO_3	2g
K_2HPO_4	0.5g
$MgSO_4 \cdot 7H_2O$	0.2g

38. 阿须贝氏(Ashby)无氮培养基(表2－37)

表2－37　阿须贝氏无氮培养基

培养基成分	1000mL 加入量	备注
甘露醇(或甘油)	10g	
KH_2PO_4	0.2g	
$MgSO_4 \cdot 7H_2O$	0.2g	
NaCl	0.2g	
$CaSO_4 \cdot 7H_2O$	0.1g	
$CaCO_3$	5g	
琼脂	18~20g	制备固体培养基时添加

39. 钾铝硅酸盐培养基(表2－38)

表2－38　钾铝硅酸盐培养基

培养基成分	1000mL 加入量	备注
蔗糖	3g	
$FeCl_3(1\%)$	数滴	
Na_2HPO_4	2g	
$MgSO_4 \cdot 7H_2O$	0.5g	
铝硅酸钾	2g	
琼脂	18~20g	制备固体培养基时添加

注:铝硅酸钾可用土壤矿物代替,1 份土壤加 10 份 6mol/L HCl,煮沸 30min,用蒸馏水淋洗至无氯离子反应为止。

40. 蒙吉娜卵磷脂培养基(表2－39)

表2－39　蒙吉娜卵磷脂培养基

培养基成分	1000mL 加入量	备注
蔗糖(葡萄糖)	10g	
$(NH_4)_2SO_4$	0.5g	
NaCl	0.3g	
KCl	0.3g	
$MgSO_4 \cdot 7H_2O$	0.3g	
$FeSO_4 \cdot 7H_2O$	0.3g	
$MnSO_4 \cdot 7H_2O$	0.03g	
$CaCO_3$	5g	

培养基成分	1000mL 加入量	备注
卵磷脂	0.025g	
琼脂	18～20g	制备固体培养基时添加

注:卵磷脂制备法是将新鲜蛋黄烘干(50℃)磨碎,用乙醇反复抽提数次后过滤。再浓缩乙醇溶液(50℃),以丙酮沉淀,反复用丙酮洗涤到沉淀呈淡黄色为止。使用前将其溶解于75% 乙醇中。可溶性成分完全溶解后,用1mol/L 或5mol/L 的 NaOH 调节 pH 值至7.2～7.4后定容。

41. 无机磷细菌培养基(表2－40)

表2－40　无机磷细菌培养基

培养基成分	1000mL 加入量	备注
蔗糖(葡萄糖)	10g	
$(NH_4)_2SO_4$	0.5g	
NaCl	0.3g	
KCl	0.3g	
$MgSO_4 \cdot 7H_2O$	0.3g	
$FeSO_4 \cdot 7H_2O$	微量	
$MnSO_4 \cdot 7H_2O$	微量	
$CaCO_3$	5g	
$Ca_3(PO_4)_2$	5g	
琼脂	18～20g	制备固体培养基时添加

42. 无氮植物营养液(表2－41)

表2－41　无氮植物营养液

培养基成分	1000mL 加入量
K_2HPO_4	0.5g
$Ca_3(PO_4)_2$	2g
$MgSO_4 \cdot 7H_2O$	0.2g
NaCl	0.1g
$FeCl_3$	0.01g

43. 伊红美蓝半乳糖培养基(表2-42)

表2-42　伊红美蓝半乳糖培养基

培养基成分	1000mL 加入量	备注
半乳糖	10g	
胰蛋白胨	5g	
NaCl	5g	
K_2HPO_4	2g	
伊红 Y	0.4 ~ 0.6g	
美蓝	0.065 ~ 0.1g	
琼脂	18 ~ 20g	制备固体培养基时添加

注:115℃灭菌20min。

44. 乳糖胆盐发酵液(表2-43)

表2-43　乳糖胆盐发酵液

培养基成分	1000mL 加入量
乳糖	10g
蛋白胨	20g
猪胆盐(牛、羊胆盐)	5g
溴甲酚紫水溶液(0.04%)	25mL

45. 美康凯培养基(表2-44)

表2-44　美康凯培养基

培养基成分	1000mL 加入量	备注
乳糖	10g	
蛋白胨	20g	
猪胆盐(牛胆盐)	5g	
中性红水溶液(0.5%)	5mL	
琼脂	18 ~ 20g	制备固体培养基时添加

注:可溶性成分完全溶解后,用1mol/L 或5mol/L 的 NaOH 调节 pH 值至7.2 ~ 7.4后定容。

46. 伊红美蓝培养基(表2-45)

表2-45　伊红美蓝培养基

培养基成分	1000mL 加入量	备注
乳糖	10g	
蛋白胨	10g	
K_2HPO_4	2g	
伊红溶液(2%)	20mL	
美蓝(0.5%)	13mL	
琼脂	18~20g	制备固体培养基时添加

注:可溶性成分完全溶解后,用1mol/L 或 5mol/L 的 NaOH 调节 pH 值至 7.2~7.4 后定容。

47. 远藤氏培养基(表2-46)

表2-46　远藤氏培养基

培养基成分	1000mL 加入量	备注
乳糖	10g	
蛋白胨	10g	
酵母浸膏	5g	
无水亚硫酸钠	0.8~1g	
碱性品红乙醇溶液(5%)	16mL	
琼脂	18~20g	制备固体培养基时添加

注:使用时,称取无水亚硫酸钠0.8~1g,加蒸馏水30mL煮沸,吸取5%碱性品红乙醇溶液16mL逐滴加在无水亚硫酸钠溶液中,即成亚硫酸钠-品红溶液。取上述培养基95mL,加热融化,冷却至60℃,加入亚硫酸钠-品红溶液4.6mL,摇匀后倒平板。

48. 醋酸细菌培养基(表2-47)

表2-47　醋酸细菌培养基

培养基成分	1000mL 加入量	备注
葡萄糖	100g	
酵母膏	10g	
$CaCO_3$	20g	
琼脂	18~20g	制备固体培养基时添加

注:可溶性成分完全溶解后,用1mol/L 或 5mol/L 的 NaOH 调节 pH 值至 6.8 后定容。

49. 番茄酵母吐温 -80 醋酸盐培养基(表 2 -48)

表 2 -48　番茄酵母吐温 -80 醋酸盐培养基

培养基成分	1000mL 加入量	备注
蛋白胨	10g	
葡萄糖	10g	
牛肉膏	10g	
番茄汁	200mL	
酵母汁(10%)	50mL	
吐温 -80	0.5mL	
琼脂	18 ~ 20g	制备固体培养基时添加

注:醋酸盐醋酸缓冲液 pH 值为 5.4, 0.4mol/L 500mL(缓冲液分别灭菌,用时混合)。

50. 曲汁培养基

将米曲霉接种在大米饭上,于 28℃ 条件下培养 4d,即成大米曲,风干保存。干曲 100g 于 300mL 水中保温 60℃ 糖化,至无淀粉反应为止,过滤,取滤液。115℃ 灭菌 20min, 即得曲汁。

51. 溴甲酚紫液体培养基(表 2 -49)

表 2 -49　溴甲酚紫液体培养基

培养基成分	1000mL 加入量
2,4 -二氯苯氧乙酸	0.3g
溴甲酚紫	0.016g
K_2HPO_4	0.02g
KH_2PO_4	0.005g
酵母膏	0.05g

注:可溶性成分完全溶解后,用 1mol/L 或 5mol/L 的 NaOH 调节 pH 值至 7 后定容。

52. EC 培养基(表 2 -50)

表 2 -50　EC 培养基

培养基成分	1000mL 加入量
蛋白胨	20g
三号胆盐	1.5g
乳糖	5g

续表 2 - 50

培养基成分	1000mL 加入量
K_2HPO_4	4g
KH_2PO_4	1.5g
NaCl	5g

注:分装于内有小玻璃倒管的试管中,每管 10mL,115℃灭菌 20min,灭菌后 pH 值为 6.9。

53. 乳糖蛋白胨培养基(表 2 - 51)

表 2 - 51 乳糖蛋白胨培养基

培养基成分	1000mL 加入量
蛋白胨	10g
牛肉膏	3g
乳糖	5g
NaCl	5g
溴甲酚紫乙醇溶液(1.6%)	1mL

注:可溶性成分完全溶解后,用 1mol/L 或 5mol/L 的 NaOH 调节 pH 值至 7.2 后定容,分装至有小玻璃倒管的试管中,每管 10mL,115℃灭菌 20min。

54. KF 链球菌培养基(表 2 - 52)

表 2 - 52 KF 链球菌培养基

培养基成分	1000mL 加入量	备注
蛋白胨	10g	
酵母膏	5g	
NaCl	5g	
甘油磷酸钠	10g	
麦芽糖	20g	
乳糖	1g	
叠氮化钠	0.4g	
溴甲酚紫	0.015g	
2,3,5 - 三苯基四唑化氯水溶液(1%)	10mL	制备固体培养基时添加

注:上述各成分加热溶解后,煮沸 5min 灭菌,冷却至 50~60℃时加入 1% 2,3,5 - 三苯基四唑化氯水溶液,混匀。用 10% 碳酸钠水溶液调节 pH 值至 7.2 后定容。

55. 高盐察氏培养基(表 2 - 53)

表 2 - 53 高盐察氏培养基

培养基成分	1000mL 加入量	备注
$NaNO_3$	2g	
NaCl	60g	
KH_2PO_4	1g	
蔗糖	30g	
$MgSO_4 \cdot 7H_2O$	0.5g	
KCl	0.5g	
$FeSO_4$	0.01g	
琼脂	18~20g	制备固体培养基时添加

56. 孟加拉红培养基(表 2 - 54)

表 2 - 54 孟加拉红培养基

培养基成分	1000mL 加入量	备注
蛋白胨	5g	
葡萄糖	10g	
孟加拉红水溶液(1/3000)	100mL	
KH_2PO_4	1g	
$MgSO_4 \cdot 7H_2O$	0.5g	
氯霉素	0.1g	
琼脂	18~20g	制备固体培养基时添加

注:上述各成分溶解后,加孟加拉红水溶液。另用少量乙醇溶解氯霉素加入培养基。115℃灭菌 20min。

57. 缓冲蛋白胨水(BPW,表 2 - 55)

表 2 - 55 缓冲蛋白胨水

培养基成分	1000mL 加入量
蛋白胨	10g
KH_2PO_4	1.5g
NaCl	5g
$Na_2HPO_4 \cdot 12H_2O$	9g

注:可溶性成分完全溶解后,用 1mol/L 或 5mol/L 的 NaOH 调节 pH 值至 7.2 后定容,121℃灭菌 15min。

58. DHL 琼脂(表2-56)

表2-56　DHL 琼脂

培养基成分	1000mL 加入量
蛋白胨	20g
硫代硫酸钠	2.3g
牛肉膏	3g
柠檬酸钠	0.03g
乳糖	10g
蔗糖	10g
去氧胆酸钠	1g
中性红	0.03g
琼脂	18~20g

注:将除中性红和琼脂以外的可溶性成分完全溶解于 400mL 蒸馏水中,用 1mol/L 或 5mol/L 的 NaOH 调节 pH 值至 7.3。将琼脂加入 60mL 蒸馏水中煮沸溶解。两液合并加入 0.5% 中性红水溶液 6mL,待冷却至 50~55℃后,倒入平板。

59. HE 琼脂培养基(表2-57)

表2-57　HE 琼脂培养基

培养基成分	1000mL 加入量
牛肉膏	3g
乳糖	12g
蔗糖	12g
水杨酸	2g
胆盐	20g
NaCl	5g
溴麝香草酚蓝溶液(0.4%)	16mL
Andrade 指示剂	20mL
甲液	20mL
乙液	20mL
琼脂	18~20g

注:将前 7 种成分溶解于 400mL 蒸馏水中;琼脂加入 600mL 蒸馏水中,加热溶解。加入甲液和乙液 于基础液内,用 1mol/L 或 5mol/L 的 NaOH 调节 pH 值至 7.5,再加入 Andrade 指示剂,并与琼脂液合并, 待冷却至 50~55℃,倒入平板。

注意事项如下。

（1）此培养基不能高压灭菌。

（2）甲液的配制见表2-58。

表2-58 甲液

培养基成分	100mL 加入量
硫代硫酸钠	34g
柠檬酸铁铵	4g

（3）乙液的配制见表2-59。

表2-59 乙液

培养基成分	100mL 加入量
去氧胆酸钠	10g

（4）Andrade 指示剂的配制见表2-60。

表2-60 Andrade 指示剂

培养基成分	1000mL 加入量
酸性复红	0.5g
NaOH 溶液（1mol/L）	16mL

将复红溶解于蒸馏水中，加入氢氧化钠溶液，数小时后如果复红褪色不全，再加氢氧化钠1~2mL。

60. SS 琼脂

（1）基础培养基的配制见表2-61。

表2-61 基础培养基

培养基成分	1000mL 加入量
牛肉膏	5g
胨胨	5g
三号胆盐	3.5g
琼脂	18~20g

注：可溶性成分完全溶解定容后，添加琼脂，121℃灭菌15min。

（2）完全培养基的配制见表 2 - 62。

表 2 - 62　完全培养基

培养基成分	1000mL 加入量
基础培养基	1000mL
乳糖	10g
柠檬酸钠	8.5g
硫代硫酸钠	8.5g
柠檬酸铁溶液（10%）	10mL
中性红溶液（1%）	2.5mL
煌绿溶液（0.1%）	0.33mL

注：加热溶化基础培养基，按上述比例加入染料以外的各种成分，充分混匀后，用 1mol/L 或 5mol/L 的 NaOH 调节 pH 值至 7，倒入平板。

注意事项如下。

（1）培养基应现用现配。

（2）煌绿溶液配好后应在 10d 内使用完。

61. 三糖铁培养基（表 2 - 63）

表 2 - 63　三糖铁培养基

培养基成分	1000mL 加入量
蛋白胨	15g
NaCl	5g
胨胨	5g
硫酸亚铁	0.2g
牛肉膏	3g
酵母膏	3g
硫代硫酸钠	0.3g
乳糖	10g
蔗糖	10g
葡萄糖	1g
酚红	0.025g
琼脂	12g

注：将除琼脂和酚红以外的各成分溶解于蒸馏水中，用 1mol/L 或 5mol/L 的 NaOH 调节 pH 值至 7.4。加入琼脂，加热煮沸溶化琼脂。加入 0.2% 酚红水溶液 12.5mL，摇匀。分装试管，121℃灭菌 15min。

62. 蛋白胨水(表2-64)

表2-64 蛋白胨水

培养基成分	1000mL 加入量
蛋白胨(或胰蛋白胨)	20g
NaCl	5g

注:可溶性成分完全溶解后,用1mol/L 或 5mol/L 的 NaOH 调节 pH 值至 7.4。靛基试剂是将 5g 对二甲氨基苯甲酸溶解于 75mL 戊醇中,缓慢加入浓 HCl 25mL。

63. 尿素琼脂(表2-65)

表2-65 尿素琼脂

培养基成分	1000mL 加入量	备注
蛋白胨	1g	
NaCl	5g	
葡萄糖	1g	
KH_2PO_4	2g	
酚红溶液(0.4%)	3mL	
琼脂	18~20g	
尿素溶液(20%)	100mL	最后加

注:可溶性成分完全溶解后,用1mol/L 或 5mol/L 的 NaOH 调节 pH 值至 7.2 后定容。

64. 氨基酸脱羧酶实验培养基(表2-66)

表2-66 氨基酸脱羧酶实验培养基

培养基成分	1000mL 加入量
蛋白胨	5g
酵母膏	3g
NaCl	1g
L 或 *DL* - 氨基酸	0.5g 或 1g(每100mL)
溴甲酚紫乙醇溶液(1.6%)	1mL

65. 糖发酵管培养基(表 2 - 67)

表 2 - 67　糖发酵管培养基

培养基成分	1000mL 加入量
牛肉膏	5g
蛋白胨	10g
NaCl	3g
Na_2HPO_4	2g
溴麝香草酚蓝溶液(0.2%)	12mL

注:可溶性成分完全溶解后,用1mol/L 或 5mol/L 的 NaOH 调节 pH 值至7.4。再按0.5%加入葡萄糖,分装于装有小套管的发酵试管内,121℃灭菌 15min。其他各种糖发酵管、糖类配成10%溶液,高压灭菌后,取5mL 加入100mL 上述成分的培养基内。

66. 半固体琼脂培养基(表 2 - 68)

表 2 - 68　半固体琼脂培养基

培养基成分	1000mL 加入量
蛋白胨	1g
牛肉膏	0.3g
NaCl	0.5g
琼脂	0.35 ~ 0.4g

注:可溶性成分完全溶解后,用1mol/L 或 5mol/L 的 NaOH 调节 pH 值至7.4 后定容。分装于小试管,121℃灭菌 15min。直立凝固备用。

67. 丙二酸钠培养基(表 2 - 69)

表 2 - 69　丙二酸钠培养基

培养基成分	1000mL 加入量
酵母膏	1g
$(NH_4)_2SO_4$	2g
K_2HPO_4	0.6g
KH_2PO_4	0.4g
NaCl	2g
丙二酸钠	3g
溴麝香草酚蓝溶液(0.2%)	12mL

68. GN 增菌液(表 2 - 70)

表 2 - 70　GN 增菌液

培养基成分	1000mL 加入量
胰蛋白胨	20g
葡萄糖	1g
去氧胆酸钠	0.5g
K_2HPO_4	4g
甘露醇	2g
柠檬酸钠	5g
NaCl	5g

注:可溶性成分完全溶解后,用 1mol/L 或 5mol/L 的 NaOH 调节 pH 值至 7 后定容。

69. 肠道肉汤增菌培养基(表 2 - 71)

表 2 - 71　肠道肉汤增菌培养基

培养基成分	1000mL 加入量
蛋白胨	10g
葡萄糖	5g
牛胆盐	20g
K_2HPO_4	8g
KH_2PO_4	2g
煌绿	0.015g

注:可溶性成分完全溶解后,用 1mol/L 或 5mol/L 的 NaOH 调节 pH 值至 7.2 后定容。

70. 苯丙氨酸培养基(表 2 - 72)

表 2 - 72　苯丙氨酸培养基

培养基成分	1000mL 加入量	备注
酵母膏	3g	
DL - 苯丙氨酸	2g	
Na_2HPO_4	1g	
NaCl	5g	
琼脂	18 ~ 20g	制备固体培养基时添加

71. 西蒙氏柠檬酸盐培养基(表2-73)

表2-73　西蒙氏柠檬酸盐培养基

培养基成分	1000mL 加入量	备注
NaCl	5g	
$MgSO_4 \cdot 7H_2O$	0.2g	
$NH_4H_2PO_4$	1g	
K_2HPO_4	1g	
柠檬酸钠	5g	
琼脂	18～20g	制备固体培养基时添加
溴麝香草酚蓝溶液(0.2%)	40mL	

注:可溶性成分完全溶解后,用1mol/L或5mol/L的NaOH或盐酸调节pH值至6.8后定容。

72. 葡萄糖铵培养基(表2-74)

表2-74　葡萄糖铵培养基

培养基成分	1000mL 加入量	备注
NaCl	5g	
$MgSO_4 \cdot 7H_2O$	0.2g	
$NH_4H_2PO_4$	1g	
K_2HPO_4	1g	
葡萄糖	2g	
琼脂	20g	制备固体培养基时添加
溴麝香草酚蓝溶液(0.2%)	40mL	

注:可溶性成分完全溶解后,用1mol/L或5mol/L的NaOH或盐酸调节pH值至6.8后定容。

73. 克氏双糖铁琼脂培养基(表2-75)

表2-75　克氏双糖铁琼脂培养基

培养基成分	1000mL 加入量
蛋白胨	20g
牛肉膏	3g
酵母膏	3g
乳糖	10g

续表 2 - 75

培养基成分	1000mL 加入量
琼脂	12g
酚红	0.025g
葡萄糖	1g
NaCl	5g
柠檬酸铁铵	0.5g
硫代硫酸钠	0.5g

注:将除琼脂和酚红以外的各种成分溶解于蒸馏水中,用 1mol/L 或 5mol/L 的 NaOH 调节 pH 值至 7.4 后,加入琼脂,加热煮沸后,加入 0.2% 酚红水溶液 12.5mL,摇匀,分装试管,121℃ 灭菌 15min。

74. 氯化钠结晶紫增菌液(表 2 - 76)

表 2 - 76　氯化钠结晶紫增菌液

培养基成分	1000mL 加入量
蛋白胨	20g
NaCl	40g
结晶紫溶液(0.01%)	5mL

注:除结晶紫外,将其他成分配好后加热溶解。再加 30% NaOH 溶液,调节 pH 值至 9 后,加热煮沸、过滤。再加入结晶紫溶液,混合后分装,121℃ 灭菌 15min。

75. 嗜盐菌选择性培养基(表 2 - 77)

表 2 - 77　嗜盐菌选择性培养基

培养基成分	1000mL 加入量	备注
蛋白胨	20g	
NaCl	40g	
结晶紫溶液(0.01%)	5mL	
琼脂	18 ~ 20g	制备固体培养基时添加

注:除结晶紫和琼脂外,将其他成分配好后加热溶解。再加 30% NaOH 溶液,调节 pH 值至 7.8 后,加入琼脂,加热溶解琼脂,再加入结晶紫溶液,混合后分装。

76. 肉浸液肉汤培养基(表2-78)

表2-78 肉浸液肉汤培养基

培养基成分	1000mL 加入量
绞碎牛肉	500g
K_2HPO_4	2g
NaCl	5g
蛋白胨	10g

注:将绞碎去筋膜无油脂牛肉500g,加蒸馏水1000mL,混合后放冰箱过夜,除去液面浮油,煮沸30min,使肉渣完全凝结成块,纱布过滤。取滤液加水补足原量,再加入其他成分,用1mol/L 或 5mol/L 的 NaOH 调节 pH 值至7.4~7.6后定容。

77. 血琼脂培养基(表2-79)

表2-79 血琼脂培养基

培养基成分	1000mL 加入量
脱纤维羊血(或兔血)	5~10mL
豆粉琼脂(pH 值7.4~7.6)	100mL

注:可溶性成分完全溶解后,用1mol/L 或 5mol/L 的 NaOH 调节 pH 值至6.8后定容。

78. 卵黄琼脂培养基

(1)基础培养基的配制见表2-80。

表2-80 基础培养基

培养基成分	1000mL 加入量
肉浸液(见前"76.肉浸液肉汤培养基"的制备方法)	1000mL
蛋白胨	15g
NaCl	5g
琼脂	25~30g

注:可溶性成分完全溶解后,用1mol/L 或 5mol/L 的 NaOH 调节 pH 值至7.5后定容。

(2)50%葡萄糖水溶液。

(3)50%卵黄盐水悬液。

制备方法:制备基础培养基,分装每瓶100mL,121℃灭菌15min。加热溶化后,冷却至50℃,每瓶内加入50%葡萄糖水溶液2mL和50%卵黄盐水悬液10~15mL,摇匀,倒入平板。

79. 蔗糖低盐低磷琼脂培养基(SLP,表2-81)

表2-81 蔗糖低盐低磷琼脂培养基

培养基成分	1000mL 加入量	备注
蔗糖	10g	
$(NH_4)_2SO_4$	1g	
K_2HPO_4	0.5g	
$MgSO_4$	0.5g	
NaCl	0.1g	
酵母提取物	0.5g	
$CaCO_3$	0.5g	
琼脂	18~20g	制备固体培养基时添加

注:可溶性成分完全溶解后,用1mol/L或5mol/L的NaOH调节pH值至7.2后定容。

80. 蔗糖低盐固体培养基(SMS,表2-82)

表2-82 蔗糖低盐固体培养基

培养基成分	1000mL 加入量
蔗糖	10g
$(NH_4)_2SO_4$	1g
K_2HPO_4	2g
$MgSO_4$	0.5g
NaCl	0.1g
酵母膏	0.5g
$CaCO_3$	0.5g
琼脂	18~20g

注:可溶性成分完全溶解后,用1mol/L或5mol/L的NaOH调节pH值至7.2后定容。

81. 酵母膏蛋白胨葡萄糖培养基(YPD,表2-83)

表2-83 酵母膏蛋白胨葡萄糖培养基

培养基成分	1000mL 加入量	备注
酵母膏	10g	
蛋白胨	20g	
葡萄糖	20g	
琼脂	18~20g	制备固体培养基时添加

注:115℃灭菌15min。

82. 综合马铃薯琼脂培养基(表2-84)

表2-84 综合马铃薯琼脂培养基

培养基成分	1000mL 加入量
马铃薯	200g
蛋白胨	5g
葡萄糖	20g
$MgSO_4$	3g
KH_2PO_4	5g
维生素 B_1	1 片
维生素 B_2	1 片

注:马铃薯去皮、洗净、切片后,取200g放入1000mL纯水中用文火煮沸30min,双层纱布过滤,滤液加水定容。115℃灭菌15min。

83. 阿须贝氏葡萄糖培养基(表2-85)

表2-85 阿须贝氏葡萄糖培养基

培养基成分	1000mL 加入量	备注
葡萄糖	5g	
KH_2PO_4	0.2g	
NaCl	0.2g	
$MgSO_4 \cdot 7H_2O$	0.3g	
$K_2SO_4 \cdot 7H_2O$	0.2g	
$CaCO_3$	5g	
甘露醇	5g	
琼脂	18~20g	制备固体培养基时添加

注:可溶性成分完全溶解后,用1mol/L或5mol/L的NaOH调节pH值至7后定容。

84. 硅酸盐细菌培养基(表2-86)

表2-86 硅酸盐细菌培养基

培养基成分	1000mL 加入量	备注
酵母膏	5g	
蔗糖	10g	
$(NH_4)_2SO_4$	1g	
Na_2HPO_4	2g	
$MgSO_4 \cdot 7H_2O$	0.3g	
$CaCO_3$	5g	

续表2－86

培养基成分	1000mL 加入量	备注
钾长石粉或玻璃粉	1g	
琼脂	18～20g	制备固体培养基时添加

85. MRS 培养基(表2－87)

表2－87　MRS 培养基

培养基成分	1000mL 加入量	备注
蛋白胨	10g	
牛肉膏	5g	
酵母膏	4g	
葡萄糖	20g	
吐温－80	1mL	
K_2HPO_4	2g	
乙酸钠	5g	
柠檬酸三铵	2g	
$MgSO_4 \cdot 7H_2O$	0.2g	
$MnSO_4 \cdot 4H_2O$	0.05g	
琼脂	18～20g	制备固体培养基时添加

注:可溶性成分完全溶解后,用1mol/L 或5mol/L 的 NaOH 调节 pH 值至6.2后定容。

第三部分

常用染色剂、封片剂的配制

1. 齐氏石炭酸复红染色液

A 液:碱性复红 0.3g,95% 乙醇 10mL。

B 液:石炭酸 5g,蒸馏水 95mL。

将 A 液和 B 液混合即得原液。染色时,将原液稀释 5～10 倍。

2. 吕氏美蓝染色液

A 液:美蓝(亚甲基蓝)30mL,95% 乙醇 30mL。

B 液:NaOH 0.01g,蒸馏水 100mL。

将 A 液和 B 液混合后过滤。

3. 结晶紫染色液

A 液:结晶紫 2.5g,95% 乙醇 25mL。

B 液:草酸铵 1g,蒸馏水 100mL。

将 A 液和 B 液混合后过滤,于棕色瓶保存。

4. 鲁氏碘液

成分:碘 1g,碘化钾 2g,蒸馏水 300mL。

先将碘化钾溶于少量蒸馏水中,再将碘溶于碘化钾溶液中,稍微加热,最后加足蒸馏水,于棕色瓶保存。

5. 番红(沙黄)染色液

成分:番红 2g,蒸馏水 100mL。

本品于棕色瓶保存。染色时稀释使用。

6. 孔雀绿染色液

成分:孔雀绿 5g,蒸馏水 100mL。

将孔雀绿溶于蒸馏水中即得该染色液。

7. 杜氏黑素液

成分:黑素 10g,蒸馏水 100mL,福尔马林(40% 甲醛)0.5mL。

将黑素在蒸馏水中煮沸 5min,冷却后加福尔马林防腐,用玻璃棉过滤。

8. 鞭毛染色剂

A 液：饱和钾明矾水溶液（200g/L）20mL（加热促溶），20% 单宁酸 20mL，蒸馏水 10mL，5% 石炭酸 40mL。

B 液：碱性复红的乙醇（95%）饱和液 10mL。

将 A 液和 B 液配好后分别保存，使用时将 9 份 A 液与 1 份 B 液混合，用滤纸过滤后放置 2~3d 后使用。

9. 溴酚蓝染色液

成分：$HgCl_2$ 10g，95% 乙醇 100mL，溴酚蓝 0.1g。

将 $HgCl_2$ 溶于 95% 乙醇中，再加入溴酚蓝，摇匀。

10. 乳酸石炭酸棉蓝染色液

成分：石炭酸 20g，甘油 40mL，乳酸（比重 1.21）20mL，棉蓝 0.05g（最后加入），蒸馏水 40mL。

将所有成分混合即得该染色液。

11.5% 伊红水溶液

成分：伊红 5g，蒸馏水 100mL。

将伊红溶于蒸馏水中，即得该染色液。

12. 质型多角体病毒染色液 I

成分：天青 II 曙红 3g，天青 II 0.8g，甲醇 250mL，甘油 250mL。

将所有成分混合即得该染色液。

13. 质型多角体病毒染色液 II

成分：萘酚蓝黑 0.1g，蒸馏水 20mL，甲醇 50mL，冰醋酸 30mL。

将所有成分混合即得该染色液。

14. 孔雀绿石炭酸液

成分：孔雀绿 1g，石炭酸 1g，蒸馏水 100mL。

将所有成分混合即得该染色液。染色时，将原液稀释 5~10 倍。

15. 氧化酶试剂

1% 盐酸二甲基对苯二胺溶液，少量新鲜配制，于冰箱避光保存。

实验方法：取白色洁净滤纸蘸取菌落，加盐酸二甲基对苯胺溶液 1 滴，阳性者呈粉红色，并逐渐加深。

16. 加拿大树胶封片剂

加拿大树胶以二甲苯溶解，浓度以玻璃棒端头形成小滴滴下，而不生成丝状物为佳，避光保存。随用随配。

17. 达马树胶封片剂

成分：达马树胶 25g，氯仿 250mL，二甲苯 250mL。

溶解后过滤，待蒸发到 100mL 即可用。

18. 阿拉伯树胶封片剂

成分：阿拉伯树胶 30g，蒸馏水 50mL，水合氯醛 100g，甘油 20mL。

配制时先用水溶解树胶，再加水合氯醛，待完全溶解后，再加甘油混匀。

19. 乳酸－石炭酸封片剂

成分：石炭酸 1 份，乳酸 1 份，甘油 1 份，蒸馏水 1 份。

将所有成分混合即得该染色液。

20. 甘油胶冻封片剂

成分：明胶 5g（1 份），蒸馏水 30mL（6 份），石炭酸 0.5g，甘油 35mL（7 份）。

先溶解明胶于 35℃ 热水中，然后加其他药品，待溶解趁热用粗滤纸过滤入培养皿中，冻结后划块保存备用。

21. 糖浆封片剂

成分：糊精 3g，麦芽糖 0.25g，0.1% 石炭酸 1 滴，蒸馏水 95mL。

将所有成分混合即得该染色液。染色时，将原液稀释 5～10 倍。

参考文献

[1] 沈萍,陈向东.微生物学[M].8 版.北京:高等教育出版社,2016.

[2] 周德庆.微生物学教程[M].4 版.北京:高等教育出版社,2020.

[3] 黄秀梨,辛明秀.微生物学[M].4 版.北京:高等教育出版社,2020.

[4] 诸葛健,李华钟,王正祥.微生物遗传育种学[M].北京:化学工业出版社,2018.

[5] 周群英,王士芬.环境工程微生物学[M].4 版.北京:高等教育出版社,2015.

[6] 段昌群.环境生物学[M].3 版.北京:高等教育出版社,2022.

[7] 沈萍,陈向东.微生物学实验[M].5 版.北京:高等教育出版社,2018.

[8] 程丽娟,薛泉宏.微生物学实验技术[M].2 版.北京:科学出版社,2012.

[9] 徐德强,王英明.微生物实验教程[M].4 版.北京:高等教育出版社,2019.

[10] 杨汝德.现代工业微生物实验技术[M].2 版.北京:科学出版社,2015.

[11] 刘慧.现代食品微生物实验技术[M].2 版.北京:中国轻工业出版社,2021.

[12] 张玉苗.农业微生物实验技术[M].北京:化学工业出版社,2019.

[13] 魏群.分子生物学实验指导[M].4 版.北京:高等教育出版社,2021.

[14] 冯雪梅,黄映红.生物化学与分子生物学实验指导[M].北京:科学出版社,2023.